持久年轻
——我的中年人生智慧

朱建霞　刘琼雄　著

北　京
冶金工业出版社
2025

图书在版编目（CIP）数据

持久年轻：我的中年人生智慧／朱建霞，刘琼雄著．

北京：冶金工业出版社，2025.1. -- ISBN 978-7-5240-
0039-6

Ⅰ. B848.4-49

中国国家版本馆 CIP 数据核字第 2024GA4522 号

持久年轻——我的中年人生智慧

出版发行	冶金工业出版社	电　话	(010)64027926
地　址	北京市东城区嵩祝院北巷 39 号	邮　编	100009
网　址	www.mip1953.com	电子信箱	service@mip1953.com

责任编辑　宋　丹　刘　博　美术编辑　彭子赫　版式设计　郑小利
责任校对　王永欣　责任印制　禹　蕊
北京捷迅佳彩印刷有限公司印刷
2025 年 1 月第 1 版，2025 年 1 月第 1 次印刷
880mm×1230mm　1/32；6.5 印张；4 彩页；121 千字；197 页
定价 68.00 元

投稿电话　(010)64027932　投稿信箱　tougao@cnmip.com.cn
营销中心电话　(010)64044283
冶金工业出版社天猫旗舰店　yjgycbs.tmall.com
（本书如有印装质量问题，本社营销中心负责退换）

■ 朱建霞

■ 1982 年南京大学化学系全体毕业生合影

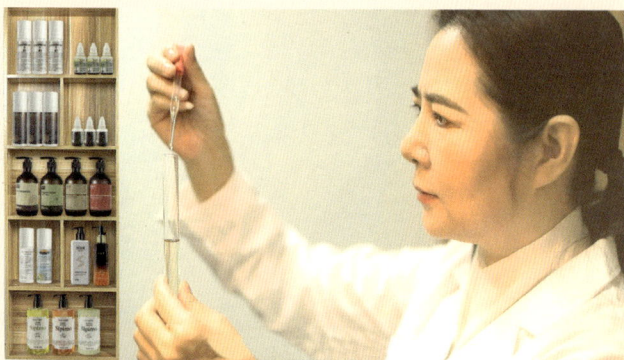

▌朱建霞做研发试验

▌2017 年在美国演讲

▌2017 年荣获亚洲金凤奖女企业家奖

■ 2018 年参加深圳女性创业公益促进计划启动仪式

■ 在南京大学成立"南京大学生命科学学院——诗碧曼联合实验室"

■ 2021 年出席中国中医药企业家论坛

▌2022 年出席中国企业家博鳌论坛"木兰悦享会"活动

▌2023 年诗碧曼美发与防脱发精华液荣获巴拿马太平洋国际博览会特等金奖

▌2023 年荣获大湾区杰出女企业家奖

■ 接受董倩《对话品牌》栏目专访

■ 2024 年出席中国女性领航者大会

■ 诗碧曼头皮养护中心门店场景

■ 2023 年 12 月 2 日，美国首家诗碧曼头皮养护中心在洛杉矶 Newport Beach 新港海滩盛大开业

■ 美国洛杉矶诗碧曼头皮养护中心店员为顾客进行头皮护理

序

她何以持久年轻?

55 岁退休全身心创业、65 岁依然一头黑发的朱建霞,从内到外无疑都是比同龄人年轻的。

当其他人在享受养老,或在考虑如何打发退休生活的时候,朱建霞每天都在为自己 50 岁一手创立的"诗碧曼"品牌充实地奔忙着。

她做自己品牌的代言人,做创始人 IP,拍短视频,做直播,每周全国到处飞,出席各类创业者的分享活动,即使自己可能是其中年龄最大的那个。

她在机场候机时也会抓住机会推介自己的产品,在演示产品时,为了证明产品对身体是无害的,她甚至经常直接喝下去……其实她没必要这样做,因为这跟产品本身性能的宣传也许并无直接关系,甚至显得太抢眼了。朱建霞却说:"有的人是看见了才相信;但做产品,你得先相信,才能做得出来。"

事实上，朱建霞创办的诗碧曼科技有限公司，这两年厚积薄发，影响力大增，在 2023 年先后被认定为国家高新技术企业和江苏省"专精特新"中小企业，旗下拥有多项专利和科研成果，每年纳税几千万元，在全国有 2000 家连锁店。2023 年，"诗碧曼"正式进入海外市场，弘扬中草药文化，并以国货代表的身份成为了"一带一路十周年·国礼品牌"。

如今，"诗碧曼"在美国、新加坡、澳大利亚、日本、西班牙和中国澳门、中国台湾等国家和地区都拥有众多实体门店。最重要的是，"诗碧曼"95% 以上的加盟代理商都是由顾客转化而来，因为他们亲自验证了效果而选择了做"诗碧曼"经营者。他们当中不乏世界 500 强企业的管理者、教授、医生等各领域的高端人才。

朱建霞从小看到身边的家人和乡亲在中年就白发数不胜数，于是立下"让一头青丝伴终身"的目标。如今，她已在自己的身上实现了这个愿望。这当然是一个潜力巨大的产业。2024 年 1 月 15 日，国务院发布《关于发展银发经济增进老年人福祉的意见》第 17 条明确表述"深化皮肤衰老机理、人体老化模型、人体毛发健康等研究……推进化妆品原料研发、配方和生产工艺设计开发"，而这就是朱建霞 30 年来一直在做的事情。她在 35 岁时开始研究白头发如何变黑这个古老的难题，想利用自己的专业结合中草药来攻克它。

在接受《国医国药》杂志采访时，朱建霞这样说："我们古人有许多乌发药方，中药里面也有许多乌发养发的成分，这是我们研发时最为宝贵的文献基础。但是，不能仅仅站在古人肩膀上，我们要从分子层面研究草本结构。诺贝尔奖获得者屠呦呦女士，就是在古人葛洪的《肘后方》中获取的灵感发现了青蒿素，利用科技手段将青蒿中的有效成分完整地提取出来，用于人类疟疾的治疗，拯救了无数人的生命。这就是古老中医与现代科技的高度融合，也是中医药现代化的典范。我是高分子化学专业出身，利用现代科技手段解决世界性难题，让中医药为现代人带去更多福音，我义无反顾、责无旁贷。"

"诗碧曼"开创了中草药保养头皮的先河，开启了科技养发的新时代。如今，"诗碧曼"在头皮养护领域的技术已经走在了世界的前列，而把"诗碧曼"做成一个国际品牌正是朱建霞的梦想。她希望在未来，头皮保养也会成为一种生活习惯。"一根白发没有的时候就要保养头皮，就像刷牙，不能等长了蛀牙才开始刷牙。"

从品牌诞生的 2010 年算起，"诗碧曼"已经走过了将近 15年。朱建霞不但找到了自己的事业，还为中老年自雇者创业提供了一条新的赛道。看过一份加盟"诗碧曼"品牌的经营者数据分析：30~60 岁的加盟者占 92.9%，其中 40~50 岁的更是占到 42.7%；女性经营者占总数的 76.6%，本科以上学历的占

32.3%。"诗碧曼"对中年女性创业者的影响力可见一斑。

家和事业兴。朱建霞的家庭也是非常幸福美满的，她把自己和家人的故事写成了一本书——《斯坦福男孩与快乐美妈》，她和王庆国教授的家被评为"深圳市十大书香家庭"，而她的儿子则考进了斯坦福大学。

朱建霞是我的南大师姐。她在恢复高考的第二年考入南京大学化学系。2020年，她向母校捐款500万元，设立了"南京大学生物科学学院-诗碧曼专项基金"，成立了"南京大学生命科学学院-诗碧曼联合实验室"。2022年，她还成为了南京大学校董。

我是在40岁时辞职创业的，朱建霞确切地说是在55岁退休后才开始全身心创业的。如今，创业将近10年的我也快50岁了。如果让我此时再做一次是否创业的决定，我很有可能会退缩了。这么多年走下来，我发现创业也好、办企业也好，都需要强大的心力和体力。朱建霞在55岁时是如何让自己持续充满激情、保持年轻活力的？看完本书，也许你也会有自己的答案。

朱建霞从来不避讳谈自己的年龄。"我觉得年龄只是一个记号，它无法说明你真实的生命状态。"持久年轻，就是超越年龄的状态，与持久年轻对应的是断崖式衰老。美国斯坦福大学医学院的科学家曾发布过一个研究成果，认为衰老不是一个简单的线性过程，人类在青春期后会经历两次显著的"断崖式"衰老。

关于衰老的研究一直都是热门的科学课题。哈佛大学医学院外科副教授塞缪尔·林的研究成果说明，首次衰老暴发期突然发生的分子变化在步入老年时可能会进一步加剧，衰老的每个阶段都会对人体有明显影响，如胶原蛋白和弹性蛋白的合成减少、黑色素减少，皮肤质量下降、头发变灰白和变少。他认为，这些明显的衰老迹象是人体内发生的分子和微生物变化的直接结果。

大量研究认为，40～45岁、60～65岁是两个衰老突然加速的阶段，其中，社会因素如中年危机是导致衰老的一大重要原因。在2025年，已经65岁的朱建霞以自己持久年轻的状态表明，她已经成功穿越了断崖式衰老的两个阶段。

朱建霞以自己的生命状态和人生智慧，真实地证明了持久年轻是可以做到的。我相信，这并不只是朱建霞一个人要实现的梦想，这也是本书取名为《持久年轻》的原因，希望亲爱的读者也能从朱建霞的人生故事中，找到属于自己的持久年轻的方法。

在此，特别感谢朱卫卫女士对本书出版所做出的贡献。

刘琼雄

2024 年 12 月

目 录

第 一 章

中 年 创 业

我的中年没有坎

有人说 30 岁是一道坎，35 岁又是一道坎，40 岁又是另一道坎。中年人的坎到底是哪个年龄？

人常说，中年是人生的一道坎。然而于我而言，中年不仅不是坎，反而是一个全新的起点，一段充满激情与挑战的旅程。

在 43 岁那年，我毅然创立了"深大玉妹"护肤品品牌。那时候，周围的人都觉得我这个决定太过冒险，毕竟已到不惑之年，本应求稳。甚至连一向支持我的先生王庆国都劝我不要冒险。当时，我在深圳大学教书，工作稳定，科研方面也做出了很多成果，一切都非常美满。他劝我安心做科研，别折腾。

但我心中有一团火，燃烧着创业的激情与梦想。我看到了市场的需求，坚信自己的产品能够为人们带来价值。于是，我业余时间全部投入其中，从产品研发到市场推广，每一个环节都亲力亲为。那些夜以继日的拼搏与奋斗，让"深大玉妹"逐渐在市场上站稳了脚跟。

时光匆匆，50岁的我并未停下脚步，再次勇敢地踏上了新的创业征程——创立品牌"诗碧曼"。这一次，我凭借多年的经验和积累，可以更加自信地面对各种挑战。我深知品牌的打造需要时间和耐心，需要不断地改进与创新。我带领团队深入研究市场趋势，不断优化产品，提升服务质量。

如今，我已年过60，依然走在创业的路上。有人问我："这么大年纪了，为何不选择安享晚年？"我笑着回答："创业已经成为我生命的一部分。它让我感受到无尽的活力，体验到人生的价值。"

一路走来，我也曾遭遇过困难和挫折。资金的紧张、市场的竞争、人才的流失……每一个问题都像是一座大山横亘在我的面前，但我从未想过放弃，因为我相信，只要坚持不懈，就一定能够找到解决问题的方法。

中年，对很多人来说，可能意味着身体机能的下降、思维的固化以及对新事物的恐惧。但我想说，中年其实是人生最宝贵的阶段。我们拥有了丰富的经验，成熟的心态，更加清晰的人生目标。只要我们敢于挑战自我，勇于创新，中年就会成为我们人生中最辉煌的时刻。

回顾我的创业之路，我深感中年并不可怕，相反，它是一个充满机遇和无限可能的时期。我们不应该被年龄所束缚，应该勇敢地追求自己的梦想。无论遇到多大的困难，只要我们保持积极的心态，不断学习和进步，就一定能够跨越障碍，实现自己的人生价值。

亲爱的朋友们，尤其是正值中年的朋友们，让我们一起勇敢地迎接挑战，在人生下半段谱写更加精彩的篇章。

我的中年没有坎，你也可以。

>> 霞姐有话说

　　不要被"大厂不要35岁的'老年人'""45岁找工作只能送外卖"的网络信息所裹挟，35岁、45岁、55岁时的我们，在专业领域深耕多年，叠加年纪带来的阅历和历经世事带来的洞察力，未来仍大有可为。

我创业不是为了更好的生活

谈起创业的目的，很多人都是为了让生活过得更好。如果生活已经很好了，安享晚年多好，为什么还有动力创业？

在这个充满机遇与挑战的时代，创业似乎成为许多人追求更好生活、实现财富梦想的途径。然而，对于我来说，创业却有着截然不同的意义。我创业不是为了更好的生活，也不是为了赚更多的钱，而是怀揣着一个伟大的使命——改变世界，延缓人类衰老，让困扰全世界人的白发转黑。

在创业之前，我和先生王庆国都在深圳大学工作。那是一份令人羡慕的工作，有着稳定的收入、良好的工作环境以及受人尊敬的社会地位。我们夫妻俩的收入都不错，生活已经过得很好，不存在缺钱的问题。

王庆国一直对我们越过越好的生活很满足。他认为，在高校做科研就很好，社会地位高，收入高而且没有风险。他对我想创业的想法非常不理解。

我们曾经为此展开多次深入的对话。

王庆国说："我们现在的生活多安稳啊，在高校里做科研、发表论文，也能为社会做出贡献，何必去冒险创业呢？"

我看着他，坚定地说："庆国，只做科研写论文，虽然有一定的价值，但没有把科研成果转化落地，对社会的贡献是有限的。我想要办实事，把理论应用到实践中，去市场上接受检验，真正改变社会。"

王庆国皱了皱眉头，说："可是创业风险太大了，一旦失败，我们可能会失去现在拥有的一切。"

我理解他的担心，但是依然很坚定地说："我知道创业有风险，但如果我们不去尝试，怎么知道自己不能成功呢？而且，我们的目标不是为了个人的利益，而是为了改变世界，为了让更多的人受益。"

王庆国沉默了一会儿，说："你说得有道理，但是我还是担心。我们已经习惯了现在的生活，创业会带来很多不确定性。"

我理解他的担忧，毕竟我们已经拥有了一个舒适的生活环境。但是，我心中的那团火焰却无法熄灭。我对他说："庆国，我们不能一直停留在舒适区。我目前的科研成果，只要再继续进行下去，就可以解决让白发自然转黑的难题，延缓人类衰老的进程。"

王庆国还是了解我的。他知道我有更大的梦想，只是比我更理性："你的想法很伟大，但是这个目标太难实现了。"

我笑了笑，说："正是因为难，才更有挑战性。你要相信我，只要我们有坚定的信念并不懈地努力，就一定能够实现这个目标。"

看到我这么坚定，他没有再劝阻我，而是给我支持和拼搏的底气。他甚至说："放手去做吧。如果你失败了，还有我，我的收入可以保障我们还能继续过得很好。"

特别感谢我亲爱的先生，即使在意见不合的时候，也能理解我的理想，支持我的选择，还能拿出身家为我兜底。当然，后来我创业非常顺利，并没有用到他的钱。但他能做这个准备，让我心里很感动。

人类的衰老是一个不可避免的现象，而白发往往是衰老的一个明显标志。看着身边的人随着年龄的增长逐渐长出白发，看着他们为了掩盖白发而频繁染发，我心中充满了无奈和感慨。染发不仅会对头发造成伤害，而且可能对身体健康产生潜在的危害。多年以来，我一直在思考、在探索、在实践，是否有办法能够让白发自然转黑，延缓人类衰老的进程呢？

这个问题一直萦绕在我的脑海中，成为我不断探索的动力。我查阅了大量的科研文献，了解到目前关于延缓衰老和白发转黑的研究还处于初级阶段，但已经有了一些令人鼓舞的成果。我意识到，这是一个充满挑战和机遇的领域，如果能够取得突破，将会对人类的健康和生活产生巨大的影响。

于是，我毅然决定辞去在深圳大学的工作，投身于创业的浪潮中。这个决定并不是一时冲动，而是经过深思熟虑的结果。我知道，创业之路充满了艰辛和不确定性，但我也相信，只要有坚定的信念和不懈的努力，就一定能够实现自己的梦想。

创业的过程远比我想象的艰难。技术研发是一个巨大的挑战，延缓人类衰老和白发转黑是一个复杂的科学问题，需要跨学科的知识和技术。我组建了一支由生物学家、医学专家、化学家等构成的研发团队，共同攻克这个难题。我们花费了大量的时间和精力进行实验和研究，不断尝试新的方法和技术。在这个过程中，我们也遇到了许多困难和挫折，有时候甚至会陷入绝境，但我们始终没有放弃，不断调整思路，寻找新的突破点。

产品市场化的道路也并不容易。我曾经亲自去闹市区发传单，在人来人往的机场与陌生人攀谈，宣传我们的品牌和产品。

在创业的过程中，我也深刻体会到了团队的重要性。一个人的力量是有限的，只有依靠团队的力量，才能够实现更大的目标。我的团队成员来自不同的背景和专业领域，他们有着不同的思维方式和技能。我们相互学习、相互支持，为了实现我们共同的梦想而努力。在这个过程中，我们也建立了深厚的友谊和信任，成为一个紧密团结的集体。

创业的道路虽然充满了艰辛，但是也让我收获了许多宝贵的经验。我学会了如何面对困难和挫折，如何在逆境中保持坚定的信念和积极的心态；我也学会了如何与人沟通和合作，如何管理和领导一个团队。这些经验和成长对我的人生发展产生了深远的影响。

我知道，改变世界不是一件容易的事情，需要付出巨大的努力和代价。但我坚信，只要我们每个人都能够为了自己的梦想而努力奋斗，就一定能够创造一个更加美好的世界。我的创业之路还很长，未来还会面临许多挑战和困难。但我不会害怕，也不会退缩。我将继续坚持自己的信念，为了实现改变世界的梦想而努力拼搏。

最后，我想说的是，创业不仅仅是为了追求更多的财富和更好的生活，更是为了实现自己的人生价值和使命。每个人都有自己的梦想和追求，只要我们敢于追逐梦想，勇于挑战自我，就一定能够在创业的道路上创造出属于自己的辉煌。

》 霞姐有话说

"改变世界"并不是一句空话。作为一名企业家，为消费者提供合适的产品就可以改变人们的生活，进而在某个方面影响这个世界的运行方式。我们的产品帮助人们养生养发，令白发转黑，可以让更多的人放弃对身体健康有损害的漂发、染发，拥抱更健康的生活。

中年创业，我把笑话做成神话

做实业是我从小的梦想。无论是学习还是工作，我"身在曹营心在汉"，一直在寻找机会，一旦时机成熟，立即行动。

1988 年，我来到深圳，这座年轻且富有朝气的城市瞬间吸引了我。那时我在深圳大学任教，每日沉浸于知识的海洋，同时也思索着如何将科研成果转化为实际应用，为社会创造更多价值。

在深圳大学的日子里，我接触到各类先进的科研理念和技术，也见证了深圳的飞速发展。这里的人们充满创新精神与创业激情，勇于尝试新事物，不惧失败。这种氛围深深感染了我。我不禁思考，自己能否像他们一样，把科研成果转化为商业产品，为更多人带来福祉。

经过多年的科研积累，我终于觅得机会。我发现人们对美容护肤的需求日益提高，而市场上的相关产品却良莠不齐。我琢磨着，为何不能利用自己的专业知识研发一款安全、有效的美容护肤产品呢？

2021 年，护肤品牌——"深大玉妹"应运而生。

"深大玉妹"的科研工作刚开始一直是在王庆国的实验室进行，也采用了他的科研成果。但当我提出把科研成果转化为产品时，他却反对了。他认为大学老师做科研可行，但做产品应该是企业家的事；他还觉得教育工作者做产品会得不偿失、劳民伤财。

但我不这么认为，护肤品不同于普通商品，若甩手让不懂专业的企业家依照普通商品去做，最后可能完全走样。我曾在市场上看到一款祛斑产品，成分里既有氧化剂又有还原剂，这两种东西虽本身能祛斑，但放在一起会起反应，祛斑效果等于零。产品需要很多元素，科研人员自己做，更能保证质量，还能获得第一手的用户反馈信息，有利于产品质量的改进。

做实业是我从小的梦想。夫妻之间有表达反对意见的权利，我尊重他的权利，但我又该怎么办呢？若听他的，我的理想就会夭折，我会遗憾一辈子。他比较固执，很难改变想法，说服他很难，若我试图说服他，必定会以吵架告终。

于是我采取不争论、不讨论的迂回战术，悄悄实施我的"深大玉妹"计划，坚持去实验室。由于我的英文较好，可以直接阅读最新的英文文献，同时还请世界各地的同学、朋友为我提供最新的护肤品相关信息。我省吃俭用，把攒下来的钱用于护肤品研发，并把所有亲朋好友调动起来成立公司，生产化妆品。

当时，支持我的人很多，等着看热闹的人也很多，甚至有人说我创业做产品就是个"笑话"。

面对这样的冷嘲热讽，我一笑置之，专心打磨产品。

我亲自在网上指导患者使用产品。当时，有一个浙江舟山的网络客户，将自己使用"深大玉妹"前后100多张含日期的照片发到网上，为我们见证了产品的效果。最终，她成了我的忠实粉丝，并答应一辈子为我宣传。曾有一个女生对我说："朱老师，我治好了痘痘之后特开心，男朋友也找到了，我来报喜了。"这使我产生了空前的责任感，也因帮助了她而获得巨大的成就感和快乐，并下决心坚持下去，打造属于我们自己的民族品牌。

我像培养孩子一样培养产品。随着2003年粉刺液上市，"深大玉妹"成为最早的化妆品电商品牌。在淘宝网上，很多顾客都盛赞这是他们用过的最好的祛痘产品，用过的顾客都说"痘痘是斗不过玉妹的"！

"深大玉妹"就这样靠口碑发展了数十年。我成就了一番事业，依托电子商务将科研成果产业化，《南方都市报》等媒体对此也进行了报道。我本人一直使用自己研制的护肤品，一方面用得放心，另一方面可以省钱，特别开心。见过我的人都说："你可以做自己产品的形象代言人了。"先生看到我的成就，特别是很多网友把我当成他们皮肤的救星时，终于发自内心地认可了我的选择，竟然对我说："你活得比我有价值。你做的事情对社会更加有贡献。"

用事实说话，从反对到欣赏，我成功地扭转了先生对我创业这件事的看法。

随着"深大玉妹"的不断发展壮大，新的问题和挑战也接踵而至。比如，市场竞争愈发激烈，消费者需求不断变化。为应对这些挑战，我们不断改进和创新。我们加大研发投入，推出更多新产品；加强品牌建设，提高品牌知名度和美誉度。同时，我们注重与消费者沟通，了解他们的需求和反馈，不断改进产品和服务。

随着公司规模的不断扩大，"深大玉妹"于 2010 年兼并了法国"诗碧曼"护肤品牌，形成了祛痘、美白、护肤一体化的产品体系，充分拓展了中国化妆品的市场空间，引入了系统化、实践化、教育化的多重营销理念，从而拥有了强大的竞争力和安全有效的运营模式。

回顾我的创业之路，感慨万千。这一路走来，虽充满艰辛和挑战，但也收获了很多成功和喜悦。我要感谢深圳这座城市，是它给了我创业的机会和平台；感谢我的团队，是他们的努力和付出，让公司不断发展壮大；感谢我的家人和朋友，是他们的支持和鼓励，让我在创业道路上始终保持坚定的信念。

在创业过程中，深圳这座城市给予我很大支持。这里有完善的创业政策和服务体系，为创业者提供诸多便利。政府部门经常举办各种创业培训和交流活动，让我们能学到更多创业经验和知识。此外，深圳的创新氛围浓厚，人们对新事物接受度高，为产品推广提供了良好环境。

10年时间，从"深大玉妹"到"诗碧曼"，我的创业初心未改。白发、脱发被称为世界性难题，鲜有人去触及。别人说，如果我研发出防止白发产生和预防脱发的产品，我就能获得诺贝尔奖了。他们把我的梦想当笑话，但是我相信，努力会让笑话变成神话。后来，诗碧曼科技有限公司成立。从2013年开设第一个线下实体专柜开始，经过10年的裂变式发展，"诗碧曼"的线下门店已经超过2000家，成为许多人眼中的"商业神话"。

这20多年就是见证奇迹的时刻——我终于把笑话做成了神话。

>> **霞姐有话说**

"深大玉妹"创立的时候，不仅王庆国反对，很多同事和朋友都为我捏一把汗，甚至还有人把这当成一个笑话。但是我用数年如一日的努力，把笑话做成了神话。创业需要智慧，更需要勇气，一旦下定决心，就要坚定地走下去。

延迟退休怕什么？老年人也能拥有精彩的事业

退休后你想干什么？带孙子、环球旅游、上老年大学、出国留学……退休后仍然有很多选择。有一些老年人退休后，反倒轰轰烈烈地开启了自己真正的事业。

我中年创业，至今已经20多年，如今已经65岁了。一直以来，我都在为自己的事业——"诗碧曼"努力奋斗着。在这个过程中，我看到了许多老年人不同的选择和不同的生活状态，也对退休生活有了一些自己的思考。

最近，延迟退休的消息不断传来。多个省份相继召开了实施渐进式延迟法定退休年龄工作动员会。这意味着我们将迎来一个新的退休时代。对于很多人来说，延迟退休可能会带来一些担忧和困惑，但我想说的是，这未尝不是一个新的机遇，尤其是对于那些想要继续发挥余热、拥有自己事业的老年人来说。

说起退休生活，很多人可能会想到在公园跳广场舞、在小区遛弯的身影，或者是在家中含饴弄孙。当然，这样的生活也有其宁静和美好的一面，但并不是所有的老年人都满足于这种状态。比如，新闻上曾经报道过的八旬老中医何荣华，她退休近30年，却从未丢弃自己的"老本行"，免费为小区的邻居看病，用最便宜的药方治好患者的病。她说这是她的精神追求，她会一直干下去，直到自己干不动为止。这样的老人，用自己的行动诠释了什么叫作"老有所为"，退休生活充实而有意义。

还有一些著名的老年人，他们在晚年又一次开启了自己的辉煌事业。比如，曾经的"中国烟草大王"褚时健，在遭遇牢狱之灾后，不但没有被挫折打倒，74岁时开始在哀牢山承包荒山种橙，进行第二次创业。经过多年的努力，他的"褚橙"声名大噪，他也再度走向人生的巅峰。他的故事激励着无数人，让我们看到了人的无限可能。

电影《里斯本丸沉没》再一次将已经70岁的导演兼制片人方励带到人们面前。《里斯本丸沉没》中的事件发生在浙江省舟山东极岛海域。在这里，日本武装运输船"里斯本丸"号连同被日军抓获的1816名英军战俘中的828人，一起在海底沉寂了82年。

这是一段几乎被世界遗忘的历史。偶然听闻这个故事后，方励用了8年时间，不计成本地投入时间、精力和资金，四处奔波、倾尽所有去"打捞"真相，并在70岁这年将真相搬上了大银幕，讲述那段残酷的过往和一个个悲欢离合的故事，让这一段"沉没"的历史不再沉默,发出了振聋发聩的呐喊。

尽管已经 70 岁"高龄",方励并不打算停止"折腾"。在与战俘后人交谈的过程中,他建立起庞大的资料库,其中被电影采用的不足 20%。他想将那些没有出现在大银幕的故事,继续讲给大家听。

我自己也有这样的经历。我有一个大学同学,她早早就实现了财务自由,退休后开始环游世界。她看过了世界诸多的精彩,体验了各种不同的文化和风景。然而,一段时间后,她却觉得余生无聊,找不到生活的方向和意义。后来,她看到我每天忙忙碌碌,斗志昂扬,非常羡慕。跟我聊了几次后,她决定放下悠闲舒适、自由自在的天伦之乐,在当地开拓"诗碧曼"业务,开启了自己的晚年事业。现在的她告别了闲适,虽然每天都很忙碌,但却重新找回了生活的热情和动力,每天都过得充实而快乐。

其实,随着年龄的增长,老年人积累了丰富的经验和知识,这些都是宝贵的财富。如果他们能够将这些经验和知识运用到自己的事业中,不仅可以实现自己的价值,还能为社会做出更多的贡献。

当然,延迟退休也需要我们做好充分的准备。一方面,我们需要关注自身的健康问题。毕竟,随着年龄的增长,身体的机能会逐渐下降,我们需要更加注重健康的生活方式,保持良好的身体状态。"诗碧曼"品牌养发方法就非常注重整体的身体调理，从内部改善身体的健康状况。它不仅仅是一个养发品牌，更是一种生活方式，倡导人们从日常的养发护理开始，为自己的身体建立一个良好的健康生态。另一方面，退休后做事业也需要社会的支持和相关的保障。政府和企业应该为老年人提供更多的就业机会和创业支持，完善相关的政策和制度，保障老年人的权益。

总之，延迟退休并不可怕，只要保持积极的心态，拥有健康的身体，勇于追求自己的梦想，老年人也能拥有自己的事业，在退休之后开启事业的第二春。

>> 霞姐有话说

"事业养人。"很多见到我的人都惊叹于我的真实年龄，想不到我已经 65 岁了。这自然有我从年轻的时候就开始注意保养的功劳，也跟我一直追求事业发展有关。有自己的事业，会让我们更年轻。

保持终身学习，我们不退不休永远年轻

原央视著名主持人张泉灵在一次演讲上说："这个时代变化太快了。你生活在这个时代，但你内心的价值观可能还在上个年代，甚至上上个年代。如果跟不上社会变化，时代抛弃你的时候连个招呼都不打。"

虽已步入中老年，但我的内心却依旧充满着对生活的热爱和对新知识的渴望。在我看来，终身学习是一种生活态度，更是一种让自己不断进步、紧跟时代步伐的必要方式。

回首我的人生历程，充满了各种挑战与机遇。从年轻时起，我就一直保持着对新事物的好奇。那时候，博客刚刚兴起，我便迫不及待地注册了一个账号，开始在上面记录自己的生活感悟和工作经验。在博客的世界里，我结识了许多志同道合的朋友，我们一起交流思想，分享彼此的故事。那个时候，我深刻地体会到了互联网的魅力，它让我们的世界变得如此广阔，让人与人之间的距离变得如此之近。

随着时间的推移，互联网论坛逐渐成为人们交流的重要平台。我又投身其中，积极参与各种话题的讨论。在论坛上，我不仅学到了很多专业知识，还锻炼了自己的思维能力和表达能力。通过与不同背景的人交流，我开阔了视野，思想也变得更加多元。

　　后来，微博、微信的出现更让我感受到了社交媒体的强大力量。我迅速跟上潮流，注册了自己的微博和微信账号。通过微博，我可以第一时间了解到国内外的新闻动态和热点话题；通过微信，我可以与亲朋好友保持密切的联系，分享生活中的点滴快乐。当年我研发的"深大玉妹"产品，也是在微博上被粉丝口口相传，从而扩大了销量。

　　淘宝平台成立后，"深大玉妹"搭上了电商的首班车。2003年粉刺液上市后，"深大玉妹"成为最早的化妆品电商品牌。在网友自发的宣传推广下，凭借产品真实的使用效果对比图，"深大玉妹"借助网络和电商的力量一炮而红，我们也顺利赚到了创业路上的第一桶金。

　　这些新工具不仅给我的生活带来了便利，还让我能够更好地了解这个世界，跟上时代的步伐。

　　如今，抖音、小红书等平台也成为了年轻人的最爱。我也不甘落后，开始学习使用这些新的社交平台。我在抖音上发布视频，分享自己的生活趣事和人生经验；在小红书上分享自己的养发心得和健康生活方式。我还尝试着在视频号发视频、开直播，与网友们互动交流，回答他们的问题。在这个过程中，我不仅学到了很多新的技能，还收获了许多粉丝的支持和鼓励。

甚至连年轻人喜欢玩的游戏，我也会去尝试一下。我觉得游戏不仅可以放松身心，还可以锻炼我们的反应能力和思维能力。虽然我可能不如年轻人玩得那么熟练，但我享受这个学习和挑战的过程。

在不断学习和尝试新事物的过程中，我深刻地认识到，我们不能总是停留在过去的成就和经验中，而应该勇于突破自己，尝试新的事物，学习新的知识和技能。只有这样，我们才能跟上新技术、新思维的步伐，不被时代所淘汰。

年轻人代表着世界的趋势和未来，我们也不能被趋势甩开。我们应该主动学习，拥抱新技术、新思想。年轻人有着敏锐的洞察力和创新精神，他们敢于尝试新事物，勇于挑战传统观念。我们可以从年轻人身上学到很多东西，比如，他们的创新思维、团队合作精神和对未来的憧憬。同时，我们也可以将自己丰富的人生经历和事业经验传授给他们，让他们少走弯路，更快地成长。

终身学习不仅可以让我们保持年轻的心态，还可以让我们发现新的事业机会。随着年龄的增长，我们可能会面临退休或者职业转型的问题。但是，如果我们保持终身学习的习惯，不断提升自己的能力和素质，就有可能在新的领域中发现新的机遇。比如，现在的互联网+、人工智能、大数据等新兴领域，都为我们提供了广阔的发展空间。我们可以通过学习相关的知识和技能，参与到这些领域的发展中，为自己的晚年生活增添新的色彩。

在经营"诗碧曼"养发品牌的过程中，我深刻地体会到了终身学习的重要性。随着市场的变化和消费者需求的不断升级，我们只有不断地学习新的营销理念和管理方法，才能让品牌保持竞争力。我通过参加各种培训课程、行业研讨会，以及阅读相关的书籍和文章，不断提升自己的专业素养和管理水平。同时，我也鼓励团队成员保持终身学习的习惯，不断地提升自己的能力和素质。只有这样，我们才能共同把"诗碧曼"养发品牌做大做强，为更多的消费者提供优质的产品和服务。

终身学习是一种生活态度，也是一种让我们不断进步、紧跟时代步伐的必要方式。作为中老年人，我们不能因为年龄的增长而放弃学习，而应该保持一颗年轻的心，勇于尝试新的事物，学习新的知识和技能。

>> 霞姐有话说

　　我经常跟年轻人"混"在一起，他们玩什么我就玩什么。我可以非常自豪地说，我跟年轻人没有代沟，甚至比一些中青年弟弟妹妹们更"潮"一些。

斯坦福大学第一课：成功的秘诀

成功的秘诀是什么？是天赋？努力？机遇？还是运气？儿子在斯坦福大学的第一堂课，教授就跟他们分享了成功的秘诀。答案跟你想的也许不一样。

我的儿子考入了斯坦福大学。这所世界顶尖学府一直以来都是无数学子向往的知识殿堂。当儿子兴奋地与我分享他在斯坦福的第一课内容时，我深受触动，也引发了我关于商业成功以及人生成就的深刻思考。

儿子告诉我，斯坦福教授给他们讲的第一课不是高深的算法，而是抛出了一个引人深思的问题：为什么这世界上的很多聪明人并没有取得成功？反而是那些资质平庸的人，通过十年、二十年甚至几十年坚持钻研一件事情的努力，把自己培养成了某一领域的专家或领袖。

这个问题如同一颗投入湖中的石子，在我内心泛起层层涟漪。的确，在我们的生活中，常常能看到一些看似聪明伶俐、才华横溢、天赋异禀的人，他们在各个领域崭露头角，却往往难以持续成功，最终渐渐淡出人们的视野。与此同时，那些看似不起眼、智力并不超群的人，却凭借着坚持不懈的努力和在自己擅长的领域深耕细作，最终成为了行业的佼佼者。

对于一家企业的成长来说，同样是如此至关重要的道理。在商业的舞台上，竞争激烈，诱惑众多。许多企业为了追求短期的利益，不惜采取各种手段，盲目跟风市场热点，追求快速回报。然而，这样的企业往往难以长久立足。相反，那些坚持长期主义的企业，着眼于未来，不为短期利益所动，持续投入研发，提升产品和服务质量，最终赢得了市场和客户的认可。

就拿我自己的创业经历来说吧。20多年来，我一直致力于养生、护肤、白发转黑领域的研究。在这个过程中，我见证了无数竞争对手的起起落落，也面临着各种挑战和诱惑。但是，我的目标从来不是打败竞争对手，而是为顾客带来价值，延缓人类衰老的进程。

这个目标看似十分宏大，甚至有些遥不可及，但正是这个目标激励着我不断前行。我深知，衰老是人类面临的共同挑战，每个人都渴望拥有健康、美丽的肌肤和头发，渴望延缓衰老的脚步。为了实现这个目标，我投入了大量的时间和精力，在研发过程中，坚持采用天然的原料和先进的科技，确保产品的安全性和有效性。我不断与国内外的专家学者交流合作，汲取最新的科研成果和理念。同时，我注重倾听顾客的需求和反馈，不断改进和优化产品。

然而，这个过程并非一帆风顺。在追求长期目标的道路上，我也面临着许多短期利益的诱惑。比如，有一些商家为了追求高额利润，采用劣质的原料和低成本的生产方式，推出一些看似诱人的产品。这些产品在短期内可能会吸引一些消费者，但从长远来看，必然会损害消费者的利益，也会破坏整个行业的生态。

面对这些诱惑，我始终坚守自己的原则，拒绝短视。我明白，只有坚持长期主义，才能真正为顾客带来价值，实现企业的可持续发展。我相信，只要我们坚持不懈地努力，不断提升产品和服务质量，就一定能够赢得顾客的信任和支持，成就更伟大的事业。

坚持长期主义，不仅需要坚定的信念和毅力，还需要具备战略眼光和创新精神。在商业世界里，市场环境不断变化，消费者的需求也在不断升级。如果企业只是故步自封，满足现状，必然会被市场淘汰。因此，我们必须时刻保持敏锐的洞察力，关注市场动态和行业趋势，不断进行创新和改进。

同时，坚持长期主义也需要团队的共同努力。一个人的力量是有限的，只有依靠团队的智慧和力量，才能实现更大的目标。在我的企业中，我注重培养员工的长期主义思维，鼓励他们勇于创新、敢于担当。我们共同为了一个伟大的目标而努力奋斗，形成了强大的凝聚力和战斗力。

在这个快节奏的时代，坚持长期主义似乎变得越来越困难。人们往往追求即时的满足和快速的回报，缺乏耐心和毅力。然而，正是在这样的环境下，长期主义才显得更加珍贵和重要。那些能够坚持长期主义的人，那些能够抵御短期利益诱惑的企业，必将在未来的竞争中脱颖而出，成为行业的领军者。

回顾斯坦福教授的第一课，我深刻地认识到，成功并非取决于智力的高低，而是取决于坚持和执着的程度。无论是一个人还是一家企业，只有坚持长期主义，才能在激烈的竞争中立于不败之地，成就更伟大的事业。

>> 霞姐有话说

很多人都认为我有商业天赋，认为我是个经商的天才。我不否认这一点，但我更清楚天赋是有局限的，从高校象牙塔到辞职创业，这20多年来，我见过很多比我聪明的人，但是却没有在成功的路上走得这么顺利和长久。

我并不比他们更聪明，但我却更能坚持，我能够把一件事情做十年二十年，至今还在继续做下去。

向最厉害的人学习，成功才是成功之母

成功有捷径吗？为什么有的人干啥成啥，有的人干啥啥不行？都说失败是成功之母，为什么很多人失败了很多次却一直没有成功？

在追求成功的道路上，我们常常听到"成功没有捷径，失败乃成功之母"的教诲。这句流传甚广的名言激励了很多人，鼓励我们勇敢试错，百折不挠，大胆向前。

然而，我们经常忽略这句话的另一面。难道真的只有不停地失败才能通向成功吗？

"天才是99%的汗水加1%的灵感"，我们往往只记住了爱迪生说过的这前半句，一味地推崇努力所具有的重大意义，却在不经意间忽略了这句话至关重要的后半句，"但那1%的灵感是最重要的，甚至比那99%的汗水都要重要"。

现实中，无数的人和事证实了这句话。比如，在科学研究领域，许多科研工作者夜以继日地进行实验、分析数据，付出了大量的汗水和时间，然而，有时候一个关键的灵感闪现，才是让他们在众多的可能性中找到正确的研究方向的关键，从而取得突破性的成果。

在艺术创作中，画家们可能长时间埋头苦练绘画技巧，但若没有那一瞬间的灵感激发，恐怕难以创作出真正触动人心、独具魅力的作品。

再看看那些成功的企业家。他们在市场中努力拼搏，但往往是某个独特的创意和灵感引领他们发现新的商机，开创出全新的商业模式，从而在激烈的竞争中脱颖而出。

这些事例无一不在向我们证明，那看似微不足道的1%的灵感，确实有着超乎想象的重要性，甚至成为决定成功与否的关键因素。

"失败是成功之母"也一样。牛顿是一名伟大的科学家，他的力学理论极大地改变了人们对自然界的理解。他开创了力学新时代，是科学史上的一个重要里程碑，为人类认识和利用自然力量提供了强大的理论工具。但牛顿并没有把自己的成功归于曾经遭受的失败上，而是说出了那句同样广为流传的名言："如果说我看得比别人更远些，那是因为我站在巨人的肩膀上。"

"与凤凰同飞，必是俊鸟；与虎狼同行，必是猛兽。"这句话深刻地揭示了与优秀者同行的重要性。向最厉害的人学习，能够让我们"站在巨人的肩膀上"，以更高的视角看待问题，以更高效的方法解决问题。

如果要找到成功的捷径，首先要找个"巨人"，然后站到他的肩膀上。这个"巨人"可能是一位好老师、好教练，可能是一位拥有智慧的长者，可能是身边睿智的同行或同事，也可能是萍水相逢的贵人，有时候这位"巨人"就是强大的自己。

2017年，我以57岁的"高龄"报名参加深圳市"体彩杯"中外国际象棋公开赛并取得女子组冠军。很多人难以置信，因为我在报名前从来没有玩过国际象棋。从报名到比赛，我仅有三个月的时间学习。

我深知教练对于比赛的重要性。要在这一复杂而精妙的棋类运动中迅速提升水平，接受专业指导至关重要。报名后，我首先找到一位国际象棋领域的"巨人"给我当教练。

在老师的悉心教导下，我每日刻苦钻研，将老师传授的技巧和策略融会贯通，并在实战中不断磨炼自己。仅仅三个月的时间，我的棋艺便取得了惊人的突破。在2017年深圳市国际象棋女子比赛中，用媒体的话说："朱建霞在国际象棋领域中展现出了令人瞩目的天赋与毅力。在比赛中，她一路过关斩将，凭借着扎实的基本功、出色的战术运用以及关键时刻的沉着冷静，最终摘得桂冠。"

我不否认我个人的努力与天赋，但如果没有高手的指点，恐怕我难以取得如此飞速的进步。

与失败相比，成功能够孕育更多的成功。当我们取得一次成功时，所积累的经验、信心和方法，都为下一次的成功奠定了坚实的基础。每一次的成功都是对我们能力的肯定，让我们更加坚信自己的价值和潜力。而这次国际象棋比赛"速成冠军"的成功经验也让我信心倍增。后来我又爱上了乒乓球，练了一段时间就打败了深圳大学的乒乓球女子冠军。

除了积累成功的经验和坚持训练外，要取得更大的成功，一位成功的领路人更加重要。"股神"巴菲特的成功也离不开他向优秀的投资大师学习。他早年师从本杰明·格雷厄姆，学习价值投资的理念和方法，并在实践中不断完善和创新，最终形成了自己独特的投资风格，成为一代投资之神。

埃隆·马斯克在创建特斯拉和推进 SpaceX 项目的过程中，不断借鉴其他科技巨头的创新理念和管理经验。他从乔布斯那里学习了对产品设计的极致追求，从杰夫·贝索斯那里学习了长期战略规划的重要性。正是这种博采众长的学习精神，助力他能够在短时间内取得巨大的成就。

篮球巨星迈克尔·乔丹在其职业生涯中，始终向那些传奇球星学习。他研究他们的技术、战术和心态，不断汲取精华，最终成为了篮球史上最伟大的球员之一。

每一个领域最厉害的人物往往拥有丰富的经验、卓越的智慧和独特的视角。他们在自己的领域中经历了无数的挑战和挫折，积累了宝贵的经验。通过学习他们的成功之道，我们可以避免走弯路，节省大量的时间和精力。

孔子曰："三人行，必有我师焉；择其善者而从之，其不善者而改之。"我们应该保持一颗谦逊的心，善于发现身边那些在各行各业最厉害的人，并积极向他们学习，学习他们的思维方式、工作方法和人生态度，将他们的智慧融入到自己的行动中。

≫ 霞姐有话说

在这个科技高速发展的时代，不停试错很可能会让我们错失一个又一个走向成功的路口，甚至错过起飞的风口。"成功的捷径"就是要尽量减少试错的成本，找到你所在领域或行业中最厉害的人并向他学习。这样才能少走弯路，更快地成功。

反狼性的企业文化，有家有爱有事业

在商业世界中，许多企业推崇狼性文化。然而，我却反其道而行之，致力于打造一种反狼性的企业文化。

多年来，中国经济高速发展，涌现出了许多积极拼搏的造富神话。不少公司大力推崇狼性文化，知名企业家号召大家"996""007""能者多劳""末位淘汰"。不可否认，这种模式在一定程度上推动了企业的快速发展，也让人们的物质生活水平得到了极大提高。

与此同时，我们也看到了这种文化带来的负面影响。竞争压力巨大，工作节奏快得让人喘不过气来，人们几乎没有时间享受生活。很多职场精英在这样的高压环境下陷入抑郁状态，甚至有的猝死或选择自杀。这让我们不得不反思这种文化的合理性。

在"诗碧曼"，我们有自己的节奏。公司气氛轻松，充满着家的温暖、爱的关怀和对事业的追求。我们不给员工打鸡血，也不会用苛刻的 KPI 让他们互相竞争淘汰。在这里，我们鼓励员工自己设立奋斗目标。因为我们深知，每个人都有自己的梦想和追求，只有当他们为自己的目标而努力时，才能真正发挥出自己的潜力。我们相信，通过这种方式，大家可以一起进步，共同成长。

如今，很多年轻人走向了另一个极端。他们反内卷，选择躺平。这其实是对狼性文化的一种消极反抗。作为企业管理者，我理解他们的无奈和疲惫，但我也明白，完全的躺平并不是解决问题的办法。我们需要找到一种平衡，一种既能让员工积极进取，又能让他们享受生活的方式。

在"诗碧曼"，我们拒绝狼性文化，拒绝内卷。我们致力于凝聚大家一起向着同一个目标努力。我们相信，一个健康的企业生态就如同人体内部的良好生态循环一样。"诗碧曼"一直以来秉持着养生理念，致力于在人体内部形成良好的生态循环，塑造健康有活力的身体。同理，我们也希望在"诗碧曼"公司内部形成一个健康的企业生态，塑造一个健康的可持续发展的企业。

在我们的企业生态中，员工之间不是竞争关系，而是合作关系。我们鼓励大家互相帮助、互相学习，共同解决问题。当一个员工遇到困难时，其他员工会主动伸出援手，提供支持和帮助。我们相信，只有当大家团结一心、共同努力时，我们才能实现企业的目标。

同时，我们也注重员工的身心健康。我们知道，只有员工身心健康时，他们才能更好地工作和生活。因此，我们为员工提供了各种福利和关怀，比如，定期的健康体检、丰富的业余活动、舒适的工作环境等。我们希望通过这些措施，让员工感受到企业的关爱，让他们在工作之余也能享受生活的美好。

此外，我们也鼓励员工不断学习和成长。我们相信，只有当员工不断提升自己的能力和素质时，企业才能不断发展壮大。因此，我们为员工提供了各种培训和学习的机会，比如，内部培训、外部培训、在线学习等。

在"诗碧曼"，我们追求的不是短期的利益，而是长期的发展。我们相信，只有当企业健康可持续发展时，我们才能为员工、为客户、为社会创造更大的价值。因此，我们坚持反狼性的企业文化，致力于构建一个健康的企业生态。

在这个充满挑战和机遇的时代，我们需要一种新的企业文化，一种既能让企业快速发展，又能让员工幸福生活的文化。我相信，反狼性的企业文化就是这样一种文化。它不仅能够让企业在激烈的市场竞争中立于不败之地，还能够让员工在工作中找到乐趣和成就感，实现人生价值。

好好休息才能好好工作。我是老板,我可以不休息,但是我鼓励员工准时下班,不加不必要的班,不在公司搞内耗。事实证明,反狼性的企业发展得不比狼性的企业差,甚至从长远来看,员工凝聚力更强,公司发展更加健康可持续。

放下身段，不要让身段成为枷锁

你能接受从世界 500 强公司离职去一家小公司从基层做起吗？你能接受以往的年轻下属成为你的上司吗？

这几年经济形势不太好，有好几位之前在世界 500 强企业工作的高管加入了"诗碧曼"，身边也有一些名企高管朋友去了其他中小型企业。

这些曾在世界名企呼风唤雨的高管，习惯了高端的决策层环境、成熟的管理体系和庞大的资源支持。当他们选择投身小公司时，往往会遭遇一系列的不适应。小公司可能资源匮乏，流程不够规范，团队规模小且分工不明确。曾经的决策权力被大幅削减，工作内容变得繁琐而具体，甚至需要亲力亲为一些基础的事务。他们发现，自己过去积累的大型企业管理经验和策略在新环境中难以施展。小公司的快速变化和不确定性让他们感到无所适从。

这种巨大的落差，让他们曾经的光环瞬间黯淡，很容易陷入迷茫和自我怀疑，用时下的流行语说叫"脱不下孔乙己的长衫"。

我找他们谈心的时候，经常会劝他们放下身段，跟他们分享我年轻时候的故事。

说起来很多朋友都不相信，我曾经在深圳大学扫过地，打扫过厕所，换过灯泡。

"一个20世纪80年代名牌大学校花级的毕业生竟然连打扫厕所的活儿都干，不可思议。"这件事被我先生王庆国津津乐道了几十年，是他至今仍然非常佩服我的一点。

他赞我能屈能伸，磨得开面子，放得下身段。

其实我一直不觉得这件事有什么好说的。古语道："一屋不扫，何以扫天下？"再说我们学工科的，哪个没有打扫过实验室？谁在家里又没有打扫过房间？

对我来说，只要这件事有必要，就可以去做，没有什么面子不面子的。而且以我对自己的高要求，不客气地讲，我扫地都比别人扫得干净。

后来我家里也请了保洁打扫卫生，并不是我觉得这件事丢面子，而是我有更重要的事情去做。

不止扫地，在王庆国眼里，我完全没有常见的傲娇羞涩，他说我"脸皮厚、胆子大"，能满大街发传单，能在机场卫生间推销产品、发名片。

其实我一直不觉得我有什么放不下的身段。我是农村出身，不是什么名门闺秀。我从小坚信努力才有回报。如今，大家羡慕的投胎有钱家庭当真名媛并不是我羡慕和追求的，我享受白手起家、从零开始扎扎实实奋斗带来的乐趣和成就感。

其实很多成功的企业家都不把"身段和面子"当回事。

宗庆后在创办"娃哈哈"之前，做过推销员、卖过冰棍和学生文具，最终成就了如今的国民饮用水品牌。

陆步轩曾是高考文科状元，北大才子，但他毕业后事业发展不顺，最终选择卖猪肉。面对他人的质疑和嘲笑，他坚持自己的选择，将卖猪肉做到了"北大水准"。

商业传奇人物埃隆·马斯克，在特斯拉面临困境时，也曾亲自下到生产线，与工人们一起解决技术和材料问题。

要说近几年最能放下身段的例子，莫过于罗永浩。几年前，"锤子科技"因经营问题欠了6亿元的债，仅他本人签的个人无责任担保的金额就超过了1亿元。罗永浩被法院下发限制消费令，还被冠上"老赖"的称号。

为了还债，罗永浩尝试了多种途径，包括被人诟病的直播带货、参加综艺节目、代言游戏等。这些事为他招了不少黑，但他从不在乎。他在脱口秀中曾经公开拉业务："没关系，只要钱给够，婚丧嫁娶主持之类的工作我也可以做，还债很重要。"

经过几年的努力，罗永浩的被执行信息清零，高消费限制也被解除。而他又重新回到科技领域，去做自己喜欢的事了。

罗永浩说过："为了还债，我做过很多我不喜欢的事，但我从没做过我瞧不起的事。婚丧嫁娶司仪的工作不是我瞧不起，而是我不喜欢。"

我也一样，打扫卫生、换灯泡，我并不喜欢，但绝不会瞧不起。有必要的时候我会做并且会做得很好，而且我知道我不会一直打扫卫生，因为我有更大的目标和梦想。

我们这样的人有一个共同点，那就是摆脱面子的束缚，尽最大努力去做事。

真正的强者从不被困境所束缚。他们懂得调整心态，放下身段，以全新的姿态迎接挑战。也许在很多人眼里，放下身段并非易事，它需要摒弃内心的骄傲和优越感，以谦逊的态度融入新的团队。这意味着要接受从高层决策者到基层执行者的角色转变，愿意从细微之处做起，积累经验。

就像乔布斯曾说："Stay hungry, stay foolish."时刻保持对知识的渴望和对自己的清醒认知，是放下身段的关键。

在小公司，从基层做起是一个重新积累和学习的过程。尽管工作看似平凡，但每一个细节都蕴含着成长的机会。通过基层工作，人们可以更深入地了解业务的实际运作，与一线员工建立紧密的联系，掌握最真实的市场需求。这些都为日后的管理决策提供了坚实的基础。

当名企高管成功放下身段，调整心态，他们会发现，在新的环境中充满了无限的可能。小公司虽资源有限，但往往具有更大的灵活性和创新性以及晋升空间。在这里，他们能够快速尝试新的想法，不必受到繁琐的流程和层级制度的束缚。这种创新的氛围反而会为个人的发展提供更广阔的舞台。

在人生的道路上，没有永远的巅峰，也没有永恒的低谷。放下身段，是一种勇气，更是一种智慧。

无论是名企高管还是普通职场人，我们都可能面临职业发展的转折和挑战。在这些时刻，我们不要被过去的成就所束缚，要勇敢地迈出舒适区，以归零的心态重新出发。

>> 霞姐有话说

　　放下身段，路越走越宽。放不下的身段，只会成为束缚自己的枷锁，绑住自己再次腾飞的翅膀。

AI 来临，有温度的企业借力科技的洪流

在 AI 如"洪水猛兽"般袭来时，每个人都在担心自己被替代。我常常思考，如何在科技的洪流中为普通人尽可能多争取一些生存空间。

如今，AI 技术的发展可谓日新月异。从智能语音助手到自动驾驶汽车，从医疗诊断到金融分析，AI 正在各个领域展现出强大的实力。它以惊人的速度处理着海量的数据，做出精准的决策，为人类的生活带来了诸多便利。然而，与此同时，AI 也给人类带来了巨大的冲击。

随着 AI 技术的不断进步，很多工作岗位面临着被替代、淘汰的命运。那些重复性高、规律性强的工作，如数据录入员、客服代表、装配工人等，很可能会被 AI 自动化系统所取代。这让许多人陷入了深深的担忧和不安，他们担心自己的工作会在一夜之间消失，担心自己无法适应这个快速变化的科技时代。

然而，"诗碧曼"却不一样。我们的事业需要人与人面对面交流，面对面提供服务，人与人之间进行直接接触。在"诗碧曼"，我们为顾客提供养发、护肤等服务，这些服务不仅仅是技术的操作，更是人与人之间有温度的互动。我们的员工会用心倾听顾客的需求和烦恼，给予他们专业的建议和关怀。他们会用温暖的双手为顾客按摩头皮，涂抹护肤品，让顾客感受到真正的关爱与呵护。这种人与人之间有温度的服务，是无法被 AI 替代的。

　　"诗碧曼"这项可以做一辈子的事业，为我们提供了抵挡科技洪流的柔软力量。在这个快节奏的科技时代，人们越来越渴望真实的人际接触和温暖的情感交流。"诗碧曼"人际互动的服务正好满足了人们的这种需求，让人们在忙碌的生活中找到一片宁静的港湾。

　　当科技的巨轮滚滚向前，我们不能只是被动地接受它的冲击，而应主动作为。

　　首先，我们要认识到科技的发展是不可阻挡的趋势，但科技并不是万能的。科技可以提高效率、解决问题，但无法替代人类的情感、创造力和同理心。我们应该在充分发挥科技优势的同时，注重培养和发挥人类的独特价值。

　　其次，我们要学会与科技和谐共处。科技的发展为我们带来了很多新的机遇和挑战，我们应该积极地拥抱科技，学习新的知识和技能，提升自己的竞争力。同时，我们也要保持对科技的警惕，避免过度依赖科技，让科技成为我们生活的主宰。我们要在科技与人性之间找到平衡，让科技为人类服务，而不是使人类成为科技的奴隶。

此外，我们还要注重人与人之间的情感交流和人文关怀。我们应该多花时间与家人、朋友相处，关心他们的生活和情感需求。我们也应该在工作和生活中多给予他人帮助和支持，传递正能量，让这个世界变得更加美好。

科技发展很快，但也需要放慢节奏为普通人保留空间，我们不能让科技的发展成为一种无情的力量，把人类推向边缘。我们应该让科技的发展更加人性化，更加关注普通人的需求和感受。比如，在设计科技产品和服务时，我们可以更加注重用户的体验，让产品更易于操作和使用。我们也可以利用科技的力量，为弱势群体提供更多的帮助和支持，让他们也能享受到科技带来的便利。

在"诗碧曼"，我们将继续坚守人与人之间有温度的服务，展现人性的光辉。我们将用我们的专业和热情，为顾客提供最好的服务，让他们在"诗碧曼"感受到家的温暖和爱的关怀。我们也将积极地与科技合作，利用科技的力量提升我们的服务质量和效率，为顾客创造更多的价值。同时，也为自己在 AI 时代保留一份不易被替代的工作和事业。

　　科技进步固然是好事，但如果利用科技只是一味地提高效率，无限地挤压普通人的生存空间，就会起到相反的效果，给人类和社会带来不好的影响。如何在科技进步与员工生存中找到平衡点，目前我给出的解法是用像"诗碧曼"一样有温度的产品和服务去连接员工与消费者，大家借力科技，抱团取暖。

第 二 章

女性成长

事业随时可以开始，但当妈却有黄金期

作为一名女性，如何平衡工作与爱情、事业与家庭、个人价值与孩子成长？

当下，在网络舆论中有一种"不婚不育"的论调甚嚣尘上。他们宣称，婚姻和孩子对女人而言宛如沉重的枷锁，会无情地阻碍女人的成长和进步，尤其是对于精英女士而言，更是如此。

在各大社交媒体或平台上，此类言论随处可见。有人振振有词地说，女人一旦步入婚姻，就会被繁琐的家务和无尽的责任所束缚，失去自我发展的空间和机会；还有人言之凿凿地表示，生育孩子会让女人的身体和心理承受巨大的压力，导致事业停滞不前，甚至人生从此走上下坡路。

在他们眼中，婚姻和孩子仿佛成了女人追求梦想和成功的绊脚石，唯有摒弃这两者，女人才能真正自由地翱翔在实现人生价值的广阔天空。

这种论调有愈演愈烈之势，认定了只有不婚不育才能真正实现人生价值，才能踏上事业成功的康庄大道。事业与婚育水火不容，不可兼得。

我年过六旬，可以说漫长的人生旅程已经走过了大半。作为一名别人眼里事业、爱情、家庭都美满的"人生赢家"，我经历了许多，也见证了许多。今天，我想把我的一些深切感悟分享给大家，尤其是那些正处在青春年华的朋友们。

熟悉我的人都知道，我一直热衷于当红娘，喜欢催促年轻人多去社交，撮合志同道合的年轻人相亲谈恋爱。我劝他们尽早地结婚生子。张爱玲说："出名要趁早。"我说："结婚生娃也要趁早。"

或许有人会认为我多此一举、多管闲事，但这源于我对生活的深刻认知和对幸福的亲身体会。

1982 年，我从南京大学高分子专业毕业后，很快就结婚、怀孕、生子。后来，我们夫妻双双南下深圳，远离家乡。我们亲自养育孩子、教育孩子，把孩子培养成才。在这期间，孩子和家庭不仅没有影响我的事业，反而因为有了对家庭和孩子的责任，我更有拼搏的干劲。

2001 年，我 41 岁，创立了"深大玉妹"品牌；2010 年，我 50 岁，成立"诗碧曼"品牌；2014 年，我 54 岁，从深圳大学提前退休，全身心投入到护肤产品的研发和市场推广中；2025 年，我 65 岁，"诗碧曼"的全球线下门店数量已超过 2000 家。

《蜘蛛侠》电影中有句经典台词："With great power comes great responsibility!"中文意思为："能力越强，责任越大。"我想说："责任越大，能力也会越强。"所谓"为母则刚，为父则强"，真是一点不假。孩子并不会成为父母事业的绊脚石，反而极有可能推动父母的成长。有不少研究表明，在成功人士中，家庭幸福、已婚已育的人群占比更大。

在我看来，事业与婚育并非水火不容，但在不同的人生阶段，却是有轻重缓急的。事业随时都可以重新启航，30岁时，我奋力打拼；40岁时，我转换赛道开启新征程；如今60多岁了，我依然怀揣创业的梦想。只要心怀热忱，任何时候我们都可以在事业中一展抱负。

然而，当妈这件事却有明确的黄金期。60多岁的我，虽有创业的激情与勇气，但如果让我再生个孩子，哪怕医疗与科技高度发达的今天，也是不容易的事。

当妈是有时限的，一旦错过便无法重来。

人生恰似一场精心编排的戏剧，每个阶段都有独特的使命和任务。我们必须清晰地洞察当下阶段各项任务的优先级，去做此刻最为重要的事。

对于年轻人来讲，在美好的青春时光里享受爱情、组建家庭、孕育新生命，是无比珍贵且不容错过的体验。早早地结婚生子并非事业的阻碍，反倒可能成为人生前行的动力与支撑。

想象一下，当你在事业上遭遇挫折，回到温馨的家，看到孩子天真的笑容，爱人关切的眼神，是不是瞬间就有了重新出发的力量？若一味追求事业，将结婚生子无限延后，或许在未来的某天，你会惊觉自己错失了太多美好，留下无法弥补的遗憾。

许多年轻人总是说："等我事业有成，再考虑结婚生子。"他们未曾意识到，事业成功没有确切的时间节点，而生育的黄金期却转瞬即逝。

当然，我并非主张大家放弃事业，只是希望大家在追逐事业的过程中，别忽视了人生中那些同等重要的事。在恰当的时机，遇见对的人，勇敢迈入婚姻殿堂，迎接新生命的降临，这是一种莫大的幸福。

在这漫长而又短暂的人生旅途中，我们总是在追寻各种不同的体验。对于我来说，体验人生的丰富多彩是我内心深处的一种强烈渴望。有时候我会想，如果有平行宇宙那该多好啊！我一定要去另外的宇宙中体验一下不同的人生。

关于多重宇宙的艺术作品有很多，我印象最为深刻的是著名华裔女演员杨紫琼主演的《瞬息全宇宙》。在这部片中，61岁的杨紫琼一人分饰多角，无论是作为洗衣店老板的银幕母亲形象，还是功夫巨星、戏曲名伶、女侠、女厨师等各种女性形象，都被她成功演绎。杨紫琼也凭借《瞬息全宇宙》拿下奥斯卡最佳女主角的桂冠。这是华裔女演员首次获得奥斯卡最佳女主角，也是亚裔演员首次获得这一奖项。

在影片中，杨紫琼饰演的女主角伊芙琳面临着生活中的各种困境，与女儿关系紧张，与丈夫貌合神离，事业上也面临抉择。

在那个充满奇幻设定的世界里，伊芙琳发现了自己拥有穿越不同的平行宇宙的能力。她看到了无数个自己在不同宇宙中的生活，有的成为了光鲜亮丽的演员，有的则有着别样的人生。而在其中的"阿尔法宇宙"里，她过度开发了女儿乔伊穿梭宇宙的能力，导致乔伊失控成为了企图毁灭所有世界的大反派。

伊芙琳一开始很难接受女儿的"本来面目"。然而，当她体验了无数个宇宙的不同生活后，她逐渐理解了女儿。在主宇宙的台阶上，伊芙琳最终追上了女儿，坚定地对女儿说道："Of all the places I could be, I just want to be here with you."（在所有我可能存在的地方，我只想和你在这里。）

我还要推荐一部精彩美剧《人生复本》。剧中的男主角杰森原本是一位物理学家、教授，同时也是一位恋家的男人，他面临着事业和家庭的抉择。在原本的生活中，他选择了家庭，与心爱的女人丹妮拉奉子成婚，拥有一个幸福美满的家庭。然而，一次意外的绑架，让他进入了另一个平行宇宙。在那个世界里，他没有和丹妮拉结婚，而是选择了事业，成为了物理学界的顶尖人物，但却失去了家庭的温暖。

当杰森在另一个宇宙中体验了没有结婚生子的人生后，他才意识到自己原本拥有的家庭是多么珍贵。

在同一个时空中，人不可能既单身又结婚生子，这是无法改变的现实。在无数个平行时空中，每个"自己"都有着截然不同的选择和经历。这让我不禁思考，在现实世界中是否也有无数种可能正等待我们去发现？如果有再来一次的机会，我还会选择现在正在走的路吗？

当我回首自己的人生，我深知自己做出了正确的选择。如果让我再选一次，我仍旧会毫不犹豫地选择结婚生子。

结婚不仅仅是两个人的结合，更是两颗心的交融。从相识到相知，再到相爱，每一个瞬间都充满了甜蜜与温馨。当我们携手走进婚姻的殿堂，许下一生的承诺，那种庄重和神圣的感觉至今仍让我心潮澎湃。

生育，更是一段奇妙而又艰辛的旅程。从孕育新生命的那一刻起，身体的变化、内心的期待，都让我感受到了生命的神奇。每一次胎动，都像是宝宝在与我交流；每一次产检都充满了期待和紧张。当孩子呱呱坠地的那一刻，泪水模糊了我的双眼。那种初为人母的喜悦和感动是无法用言语来形容的。

育儿的过程虽然充满了挑战，但也带给了我无尽的欢乐和成长。看着孩子一点点长大，学会走路、说话、认字，每一个小小的进步都让我感到无比骄傲。在陪伴孩子成长的过程中，我也重新审视了自己的人生，学会了负责任、保持耐心和无私地爱。

体验爱情，让我明白了相互陪伴、相互支持的力量；走进婚姻，让我懂得了包容与理解的重要性；生养孩子，让我感受到了生命的奇迹；教育陪伴，让我不断地挑战自我，成为更好的自己。

结婚和生育或许并不是人生的唯一选择，但对于我来说，这无疑是我人生中最宝贵的经历。它们让我的人生变得更加完整，更加丰富；让我感受到了人间最真挚的情感和最纯粹的快乐。

>> 霞姐有话说

年轻的朋友们，尤其是亲爱的妹妹们，在这个到处都宣扬单身万岁的时代，也许你们正在人生的十字路口徘徊，不知道是否应该选择结婚生育。我想说，勇敢地去尝试吧，去体验这份独特的人生之旅，相信它会给你带来意想不到的成长与改变、惊喜和收获。

我不是劝你们结婚生娃，只是想以过来人的身份善意地提醒一下，如果你不是坚定的独身主义者，那么请记住：事业随时可以开始，但是当妈妈却是有黄金期的，一旦错过就没有机会挽回了。

做个"懒女人"，别让家务困住你的人生

谁不想搞钱、搞事业啊，可是结婚后家务、孩子占用了大部分时间和精力，怎么办？

跟女性朋友聊天，经常会听她们抱怨被家庭琐事占用了太多时间。我往往半开玩笑半认真地跟她们说："这是你们自找的。"

早在 30 多年前，几乎所有人都默认家务应该由女人来做。我力排众议，果断地请了保姆来家里做家务。我深知，人要去做自己更擅长的事，不能把自己困于家务的藩篱之中。

波伏娃曾言："女人不是天生的，而是后天形成的。"长久以来，社会赋予女性太多关于家庭责任的固有观念，仿佛操持家务是女人与生俱来的使命。然而，事实果真如此吗？

前几年有部韩国电影《82 年生的金智英》在网络热播。电影以细腻的镜头语言为观众展现了一位被困在无尽的家务和育儿琐事里的妈妈金智英。她的生活被日复一日的洗衣做饭、打

扫卫生所填满，没有时间和精力去追求自己的梦想，去享受属于自己的人生。

金智英失去了自我，甚至患上了心理疾病。她那句"作为别人的妈妈，别人的妻子，偶尔也觉得挺幸福的，可是有时候呢？我又觉得自己像是被囚禁在什么地方。"道尽了无数女性的无奈与悲哀。她还说："你看，这墙壁上的每一块污渍都是我生活的痕迹。"这不正是那些被家务困住的女人的真实写照吗？

金智英专门讨论了那些"没有名字的家事"，比如，卫生纸用完要及时换新，夏天喝完冰麦茶要泡一壶新的放入冰箱。这些全家人都有义务做的"小事"，却成了主妇一人的"隐形家务"。而这些隐形家务，就像《隐形家务》一书中所提到的，往往容易被忽视，但又真实存在且繁琐无比。

在《隐形家务》这本书中，作者罗列了过去做过的各种隐形家务，比如，给扫拖机器人开路，打扫完毕后倾倒集尘盒、污水箱，清洁基站；还要刷洗拖鞋、清理窗槽和移门地轨里的灰，擦拭视线范围外的灰尘等。洗衣、晾衣也不简单，要到处收集衣物，检查口袋，晾晒、叠挂衣服，熨烫、去球等。卫生间的活更是费心，得及时擦水，清理台面、镜子、台盆、马桶等各处的污渍和头发。日用品耗材管理同样不容忽视，要进行采买、囤货及空间管理，记得换卷纸、套垃圾袋等。这些看似不起眼的小事，却日复一日地消耗着女人的时间和精力。

刚结婚时，我的先生也怀揣着传统的思想，觉得女人理应将家务打理得妥妥帖帖。可我深知，若我就此顺从，那我的生活将被琐碎的家务所吞噬。于是，我力排众议，请了保姆来协助处理家务。这一举措，在三十多年前可谓惊世骇俗。

许多女人都会自动承担起家务，有的是因为先生孩子不愿动手，有的是嫌他们做得不够完美，坚持亲力亲为。可结果呢？她们在繁重的家务中渐渐失去了自我，忘记了曾经的梦想，脸上写满了疲惫与无奈。

我始终坚信，女人不做家务并不丢人。为何我们非得大包大揽，把自己累得喘不过气？学会"懒"一点，做好家庭分工，让家庭成员共同承担家务的责任，这才是明智之举。

如今，时代的发展为我们提供了诸多便利。就算不请保姆和钟点工，也有很多替代方案可以选择。外卖可以解决一日三餐，餐厅能满足我们偶尔的味蕾享受，现代化的智能家电更是可以帮我们处理掉大部分的日常家务。我们真的没有必要跟这些"机器人"抢活儿干。我们何必再苦苦纠结于那些琐碎的家务，而不懂得借助这些工具来解放自己呢？

就像有人说的："人生短暂，不要把时间浪费在无意义的事情上。"家务固然重要，但绝非生活的全部。我们应当把更多的时间和精力投入到能够提升自我、实现价值的事情上。

当我们摆脱了家务的束缚，便可以尽情地去享受生活；可以在清晨迎着阳光阅读一本心仪已久的书籍，在午后与好友相聚畅聊，在黄昏漫步于公园感受大自然的美好；可以去健身房练出马甲线、去户外享受运动的快感；更可以勇敢地去追求梦想，无论是学习一门新的技能，还是开创一番属于自己的事业。

哪怕只是闲下来，悠然地品一杯茶，或者干脆美美地睡个美容觉，也好过让自己成为一个埋在家务里满腹牢骚的怨妇。

姐妹们，让我们不再被家务所困，不再成为家务的奴隶，勇敢地走出来，去拥抱广阔而精彩的世界。

》 霞姐有话说

　　不做家务不丢人。不要被"贤妻良母"这四个字道德绑架。家务本不应该自动归属于女人。做好家庭分工，利用智能家电和其他手段，如请钟点工、保姆，借助外卖、餐厅等把自己从家务的枷锁中解脱出来，腾出时间去享受生活、追求梦想、成就事业，成为自己人生的"大女主"。

Girls help girls，"诗碧曼"助力"她经济"

在现实生活中，男性可以专心打拼事业，而女性往往要兼顾事业、家庭和孩子，女性创业往往困难更多。有没有什么项目可以让女性轻松创业？

我经常说，女人可以随时创业，无论是青年、中年还是老年，只要你想，现在就可以开始。

目前，"诗碧曼"在全球已经有 2000 多家门店，但我最引以为豪的，不是门店数量突破多少家，营业额突破多少亿，而是通过"诗碧曼"这个项目让更多的女性开启了创业之路。从"50 后"到"90 后""00 后"的女性，都可以在"诗碧曼"找到自己的事业。

（一）职场女性的转型之路

蔡雅虹是"诗碧曼"柳州代理商。作为一名"90 后"，她已加入"诗碧曼"8 年多。

2016 年，还是一名职场白领的蔡雅虹时常怀揣着干一番事业的想法。有一天，她在逛君尚百货时被二楼超市路口热闹非凡的一个专柜吸引。好奇心驱使她走近，原来是"诗碧曼"的专柜。经专柜营业员介绍，她了解到我们是一个主打调理白转黑和养发的品牌。结合身边朋友的情况，蔡雅虹敏锐地察觉到养发行业有着较大的市场需求。正巧店里在招聘营业员，她当场决定应聘，由此踏入这个行业。经过两个月的学习，在知晓公司对加盟商的扶持政策后，蔡雅虹认为开加盟店并非难事。于是，她很快寻得一家店面并顺利开业，开启了全新的职业生涯。

"诗碧曼"深刻地改变了蔡雅虹的生活和事业。在遇到"诗碧曼"之前，她只是一名普通上班族，而加入"诗碧曼"之后，她拥有了属于自己的事业，同时也收获了更多财富和美好幸福的生活。

蔡雅虹经常跟我说，我是她心中的偶像。我退休后依然奋斗不息，让她深感作为年轻人没有理由不奋斗。

对于自己和"诗碧曼"的未来，蔡雅虹满怀期待。她期望我能带领"诗碧曼"在养发行业蒸蒸日上，成为当之无愧的头部品牌。她也希望自己能紧跟公司的发展步伐，与公司共同成长，实现人生新的跨越。

蔡雅虹现在坚定地认为，女人一定要拥有自己的事业，并且要多与优秀的人交流，不断提升自我，专注于一件事并将其做到极致，这样终会有回报。

（二）下岗女工再出发

出生于 1973 年的彭会，在一家传统行业的公司工作了 14 年，后来行业转型，公司经营不下去，她成为了一名下岗女工。下岗时她42岁，这个年纪找工作比较困难，可不工作她又不适应。

她在逛商场时看到"诗碧曼"的柜台有很多人，经过了解，她自己首先成为了"诗碧曼"的客人。通过一个月保养头发见到效果后，她立即决定加盟。在和"诗碧曼"总部沟通后，得知深圳市场没有可选择的位置，目前惠州市场可以发展。

彭会非常有魄力，说干就干，第二天她就奔赴惠州选址。经过15天的准备，2016年11月，"诗碧曼"惠州市场第一家店正式开业，第一个月销售额达九万多元。这让她惊呆了。

作为一名大龄下岗女工，刚开业时有招不到员工的心酸，有每天在深圳惠州两地奔波的劳苦，但她却很有成就感。不到半年，她在惠州港惠新天地的第二家店开业。两年不到，她陆续开了七家店，有员工23名。目前，她做了惠州市场的总代理，管理门店30多家。

平时店里稳定的时候，她也会出差去帮助有需要的加盟商，尤其是那些刚刚加盟"诗碧曼"的人。她知道刚刚创业开店的艰难。她用自己多年的经验帮部分不懂经营的加盟商顺利渡过难关。加盟商有盈利，她也开心！

2023年彭会已到法定退休年龄，开始拿退休金了。家里人多次劝她休息，她说"不"，她想到董事长都64岁了还没有休息，自己凭什么休息。而且她还有跟随自己七、八年的二十几名员工，自己休息了，他们怎么办！她永远要做下去，因为她爱"诗碧曼"，爱"诗碧曼"产品能帮助许许多多的顾客。

如今的彭会，深圳惠州两地跑，还要经常去外地出差。她很忙碌，但很充实，身边的人都说她越活越年轻了。

（三）我有一双善于挖掘金子的眼睛

陈芝妍是个天才少女。她生于广东东莞虎门，精通英语和粤语。10岁时父亲发现她在演讲、表达和沟通方面的天赋，开始带她出差讲课、见客户。14岁她就能独立演讲，15岁就能写出10W+阅读量的公众号文章，16岁通过演讲创业赚到第一桶金。她16~18岁留学期间累计演讲超150场。

这么优秀的姑娘来到"诗碧曼"，我也很惊讶。促使陈芝妍前来的原因之一是她从小就有"少白头"，这曾给她带来诸多痛苦，如升旗仪式自卑地低头、不敢在食堂排队而忍受饥饿、被同学起绰号等。初一的时候，家楼下养发馆虽能通过剪短白发保护她的自尊心，但没有可以缓解或逆转白发的产品。直到3年前走进"诗碧曼"，她才知道白发可治愈、逆转，包括遗传性白发。

在进入"诗碧曼"前期，陈芝妍负责"品牌管理"工作，但品牌经营非一蹴而就，需要花费不少费用且效果不能立竿见影。在考察"业绩与结果"阶段，她和团队的指标呈负增长，始终在边缘徘徊，无法突破。

有一天她来到我家，拿出电脑，打开精心制作的48页《自荐 PPT》，内容分三部分：14 岁到 21 岁的从商成果、对"诗碧曼"品牌的解析和想在"诗碧曼"创造的价值。40 分钟的自荐，陈芝妍讲述自己的经历时鼻子发酸、眼眶泛红……她接触"诗碧曼"后，白发量减少到 1% 以下。

听了陈芝妍的自荐和"少白头"现身说法的故事之后，我脑中灵光一闪，没有人比她更合适了。我 60 多岁不染发，她少白头转黑，我们俩就是"诗碧曼"最合适的代言人。我立即拨通了集团 CEO 的电话，任命陈芝妍为集团"首席品牌官"。

陈芝妍后续的表现证明我的眼光独到。升级为"首席品牌官"的陈芝妍一路开挂，哪怕疫情防控期间，她关在家中打造了近 2 万粉丝的小红书账号，阅读量破 300 万、点赞量几十万，通过公域向私域引流，微信粉丝增加了 3000 多名大学生。她开办了 7 场线上论坛，邀请各界精英参与为创业学生指点迷津、为"诗碧曼"输入新鲜血液，观看量超 20 万人次，还接受了 5 家杂志采访，受邀参加爱马仕品牌活动。

2022 年 8 月，陈芝妍开启海外市场之路。她利用在新加坡参加毕业典礼生病的间隙拓展业务，通过社交媒体和人脉圈子裂变拓展，签约 2 份合同、落地 2 家门店，如今新加坡已有 4 家正常运营的门店。

此后海外每到一处，她就落地一家门店，目前已在美国、新加坡、澳大利亚、新西兰、英国、法国、挪威、韩国、日本、越南、印尼 11 个国家和我国的港澳台地区落地 14 家门店。

简直就是所向披靡。取得这么大的成就，陈芝妍并未自满，她时刻自省要做得更好。她心怀感恩，胸中有大格局，希望学习系统性的全球管理来赋能"诗碧曼"海外市场，让"诗碧曼"肩负中华民族文化传播的使命，成为独角兽和世界 500 强企业，为国增光。

在"诗碧曼"全球门店中，这样的案例还有很多。这些案例充分展示了"诗碧曼"养发品牌在帮助女性创业、助力"她经济"方面的积极作用。"诗碧曼"用优质的产品、专业的培训和完善的支持体系，为广大女性提供了一个实现梦想的平台。

>> 霞姐有话说

曾经有好几位企业家朋友跟我说，"如果朱建霞从南京大学毕业就开始创业，早就成中国首富了。"虽然朋友有吹捧的成分，但也表达了对我的认可。

只是在我心中，中国多一个首富并不重要，多一个带领女性朋友们创业的人更为重要。国家要大力发展"她"经济，这就需要一个"她"带动更多的"她"。

Girls help girls! 我们只有一起携手合作，才能把"她"变成"她们"。

"没有那么多刁民想害朕"，别给自己树"敌"

单位分苹果，我分到的是又小又干的；朋友请吃饭，都快到饭点了才喊我；老师把我家孩子的座位调到后排，是不是对我们不满……

在生活中，我们常常会陷入一种误区，觉得周围的人在有意针对自己，觉得自己受到了不公平的对待。然而，很多时候，这只是我们自编自导，自己给自己树立的"假想敌"。

记得刚毕业的时候，我被分配到南京塑料厂工作。有一回单位分苹果，每人一袋，我当天刚好出差在外没有领到苹果。等我回单位去领的时候，满心期待地接过属于自己的那份，结果一看，那苹果又小又干。瞬间，一股无名火在我心中燃起："为什么我分到的是这样的？是不是有人故意针对我？是不是觉得我好欺负？"各种负面的想法瞬间充斥在我的脑海中。

当时我是厂里稀有的女大学生，年轻能干、学历高、长得漂亮，难免招人嫉妒。我觉得自己成了被欺负的对象，仿佛周围有一双看不见的手在操纵着这一切，让我拿到最差的。

我觉得很委屈，跟负责分配的工会同事抱怨。工会同事听了我的抱怨也很委屈，她拿出她那一袋苹果跟我说："苹果长得不一样，难免有好的有差的。但是每袋都差不多，其他人也没有挑挑拣拣。你如果觉得你那袋最差，那我跟你换。"

确实，她那袋苹果也是又干又小。那一刻，我醒悟了：原来这只是一场随机的分配，根本没有所谓的针对，是我自己把这件小事想得过于复杂，在心里筑起了一道不存在的防线，给自己树立了一群根本不存在的"敌人"，把一个普通的场景硬是想象成了一场阴谋。

后来我就自己开导自己：我一个校花级的名牌大学毕业生来厂里，大家肯定只有喜欢和羡慕啊，怎么会嫉妒我、欺负我呢？

带着这样的眼光再去看身边的同事就会发现，大家虽然性格不同、处事方式有差别，但是同事之间并没有职场的钩心斗角，大家嘻嘻哈哈一起工作，互相帮忙照顾老人小孩，其乐融融。

我之前的那些想法不过是给自己制造了一个虚拟的"敌人"，让原本美好的友情蒙上了阴影。

这只是一件小事，却深深地影响了我，改变了我看待周围人和事的角度。

从那时起，我再也没有给自己树"假想敌"，而是给自己树了很多"假想朋友"。哪怕吃点亏也没关系，长此以往，"假想朋友"就会变成真朋友。

生活中很多朋友是不是也常常像我这样，因为一点点小事就疑神疑鬼，觉得全世界都在和自己作对？其实，"哪有那么多刁民想害朕"，大部分时候只是我们的内心过于敏感，过度自我保护，才会把平常的事情想得无比复杂。

其实，不要那么敏感，别太把自己当回事儿，可能会收获更多友谊。

有很多次，到了饭点才接到朋友们的电话说请我吃饭，只要我有空，每次都会开心地前往，但是我的家人和公司的同事经常对我说："这是什么朋友啊，说请客，快开饭了才喊你，太不把你当回事了，没有诚意。""是临时找不到人来凑数吧？不要去。"

但我并不这样想。朋友临时喊我去吃饭，恰恰说明他们心里有我，没把我当外人呀。而且临时的邀请肯定不是为了求我帮忙办事，而是单纯地想要聚一聚。我去吃饭也没有压力，不需要提前准备什么，更不需要担心有什么附加的条件，没有任何负担，可以轻松自在地享用美食和增进友谊。

事实也正是如此。多年来，我参加了无数次"不把我当回事"的临时饭局，收获了不少跟我一样交往起来毫不费力的朋友。

所以，当我们遇到类似的情况时，不妨先冷静下来，换个角度去思考问题。不要总是以自我为中心，认为全世界都在针对自己。也许，事情并没有我们想象的那么糟糕，只是我们的心态出了问题。

生活中充满了各种各样的小插曲，如果我们总是给自己树立"假想敌"，那么我们将会生活在无尽的猜疑和焦虑之中。放下那些不必要的防备，以一颗宽容和理解的心去对待周围的人和事，我们会发现，生活其实可以更加轻松。

学会摒弃那些无端的猜疑，拥抱生活中的温暖和善意，相信这个世界并没有那么多的恶意，相信大多数人都是怀着真诚和友好与我们相处。这样，我们才能真正享受生活，不被那些莫须有的"假想敌"所困扰。

>> 霞姐有话说

"总有刁民想害朕"，这是一种被迫害妄想症。我们总是容易在一些小事上过度解读，给自己带来不必要的烦恼。其实，很多时候并没有"那么多刁民想害朕"，只是我们的内心过于敏感，过于自我保护，从而把一些正常的事情想得过于复杂。

生活中的点点滴滴就像一颗颗珍珠，如果我们总是用猜疑的线去串联，最终得到的只会是一条沉重的锁链，把自己困在其中。倘若我们用宽容和理解的线去串联，就能做出一条美丽的项链，为生活增添光彩。

怎么送礼既不丢面子又不伤里子?

送朋友礼物,贵重的有点"肉疼",便宜的怕拿不出手。怎样才能既不丢面子又不伤里子?

这是很多朋友在送礼时常常面临的难题。

在中国传统文化中,一直强调"礼尚往来"。这是一种美好的人际交往方式,但在实际操作中,我们需要把握好其中的分寸。

第一,不要盲目赶潮流,要了解朋友真正的需求。

对于我来说,要做到送礼既不丢面子又不伤里子,关键在于了解朋友的真实需求。这就需要在日常生活中多留意朋友的喜好、兴趣和近期的生活状况。比如,如果朋友最近热衷于健身,那么一双舒适的运动鞋或者一个专业的运动手环可能就是一份贴心的礼物;如果朋友喜欢阅读,一本他一直想读但还没买的书,或者一个精致的书签,都可能会让他感到惊喜。我如果发现朋友头上刚刚露出几根白发,就会送他们"诗碧曼"养发套装，让朋友在日常洗发护发时感受到我对他们的关心。

如果送出的礼物是对方真正需要的，而不是仅仅为了追求价格或者面子而随意挑选的，那么这份礼物就会显得格外有价值，也能让朋友感受到我的心意。这样的礼物，即使价格不高，也不会觉得拿不出手，反而会因为恰到好处而赢得朋友的喜爱和感激。

第二，别追求"不出错"，尽量挑选个性化和具有独特性的礼物。

在这个追求个性和独特性的时代，一份与众不同的礼物往往能给人留下深刻的印象。我会选择一些定制化的礼物，比如，印有朋友照片或者名字的杯子、钢笔、定制电子产品等。这些礼物不仅具有实用价值，而且因为独一无二而显得格外珍贵。

或者，我们也可以自己动手制作礼物。比如，为朋友画一幅画、编织一条围巾、制作一本手工相册等。亲手制作的礼物有我们为其付出的时间、精力和满满的爱心，是名副其实的"限量版"，是无法用金钱来衡量的。这样的礼物无论价值多少，都能让朋友感受到我们的真挚情感，也不会让我们在经济上有太大的负担。

如今生活节奏快，尤其在深圳这样"效率就是生命"的城市，人们很难收到纯手工制作的礼物了。如果你收到这样的礼物，一定要珍惜这份礼物和送礼物的朋友。

第三，把握送礼的时机和场合。

送礼的时机和场合也会影响送礼物的效果。有时候，在一些特殊的时刻送出一份简单的礼物，可能会比在平常日子里送出一份昂贵的礼物更有意义。比如，在朋友生日、毕业、升职等重要时刻，一份精心准备的小礼物，即使价格不高，也能让朋友感受到我们对他的关注和祝福。

此外，送礼的场合也很重要。如果是在公开的场合送礼，我会选择一些外观精美、引人注目的礼物，以满足面子上的需求；如果是在私下的场合送礼，我则会更加注重礼物的内涵和情感价值，不会过于在意价格和形式。

第四，合理控制预算，不要让礼物成为自己或对方的负担。

中国人讲究"来而不往非礼也"。家人朋友之间在节假日、纪念日或是其他有意义的日子互送礼物是人之常情，也能增进感情，但一定注意不要把好事办成坏事。

如今很多年轻人抱怨过年回趟家，给压岁钱不仅要花掉一个月工资还要搭上年终奖。国庆节参加几个同学的婚礼，给份子钱又搭进一个月工资。这让年轻人不敢回家，不敢进行人情往来。

这一点，广东人的送礼传统值得全国推广。过年红包5元、10元，婚礼随份子100元或200元还有回礼。在这里，人情往来完全没有负担。

这样的传统可以推而广之。比如，我在送礼之前，会根据自己的经济状况和与朋友的关系远近，合理设定一个预算。在预算范围内，选择最合适的礼物。不要为了追求面子而超出自己的承受能力，否则不仅会给自己带来经济压力，还可能让送礼这件事失去了原本的意义。

同时也要考虑接受礼物的人的承受能力，不要造成对方的人情负担。比如，如果有富豪朋友送我过于贵重的礼物，我也会心理压力很大，要找机会回送拿得出手的礼物。所以，如果给经济条件一般的朋友送过于昂贵的礼物，可能会让对方感到有压力，在回礼时感到为难。

我们要明白，礼物的价值不在于价格的高低，而在于其中所包含的情感。只要用心去挑选和准备，即使是一份价格不高的礼物，也能传递出深厚的情谊。

>> 霞姐有话说

没有送贵重的礼物，并不是我们小气、抠门儿、不舍得花钱，而是我们不想给彼此造成负担。友谊应该让彼此轻松没有负担，这样才能长长久久。如果因为送的礼物过于贵重而让对方还礼时无从下手，友谊也就离"尽头"不远了。

钱为人服务，而不是人为钱所累

在这个人人都努力赚钱的当下，我跟大家谈谈钱。

记得前些年，我先生的哥哥和嫂子高高兴兴地从老家来深圳看我们，准备顺道在深圳旅游。他们带了一个很大的箱子，里面除了日常用品之外，还有他们特意从老家给我们带来的礼物；当然，更重要的是箱子里有一笔数目不小的钱，这是他们来深圳的主要经费。

在来深圳的路上，他们的那个大箱子丢了。一见到我们，嫂子就愁眉不展，她说："我本来是开开心心来玩的，可是箱子丢了、钱丢了，开心不起来了。"

我就开导他们说，其实，箱子丢了，只是损失一点物质的东西，他们整天这样不开心，又损失了快乐，岂不是更惨？因财物丢失而陷入长时间负面情绪的人不在少数，很多人因此错过了许多美好的时光。

我是个热心肠，于是就问嫂子具体丢了多少钱，她说了一个数目，我便在她说出的数目上又追加了一些钱，然后跟嫂子说："你们是因为来看我们丢的东西，损失应该由我们来承担。这些钱你们拿去用吧，钱可以丢，快乐不能丢。"嫂子闻言，喜笑颜开，在深圳开开心心玩了一个月，高兴地回老家了。

给家人的钱，我不会要求他们怎么用这个钱，哪怕是他把这个钱又送给了我讨厌的人。如果我给了钱，对钱的用途还提出自己的要求的话，那就不是真正的给，而是让别人按照我的意志去花钱，是要别人替我完成一件我自己想做的事而已，那么，他们就不会从内心真正感到快乐。这样的话，钱给得还有意义吗？

钱只是一个工具。如果你有钱，而且能用钱换来开心，何乐而不为呢？生活不该为钱所累，婚姻生活更是如此。

假如家里的积蓄越来越少了，而这个时候又雪上加霜，丈夫丢了工作。面对这种情况，有的妻子会难以控制情绪，劈头盖脸地埋怨丈夫："就知道你是个没出息的人，现在又没工作了，嫁给你这样的人真是倒霉……"并大声嚷嚷离婚什么的。这种情况屡见不鲜。在经济压力下夫妻关系变得紧张，虽然妻子只是在发泄自己一时的不满而已，并不一定真的就想离婚，但是，说者无心听者有意。这样的话语是很伤男人自尊的，男人有可能就真的离你而去。

稍微平静一会，妻子可能会意识到，企业业绩不佳，失业的人不只她丈夫一个。工作干得不好，可能不是丈夫的错。即使是丈夫的错，作为妻子更需要做的应该是包容。每一个人都想很用心地去赚钱，如果失败了，他应该比谁都痛苦，作为妻子更应该去安慰他。

有些人为了追求高收益，进行高风险投资，每天高度紧张，有的输得一塌糊涂，有的家破人亡，醒悟后感慨平淡的生活挺好的。一桌可口的饭菜，一家人饭后一起散步，一起打球看电影，浓浓的天伦之乐，这些不需要很多钱都可以做到。

有些人很有钱，然而还是苦于得不到幸福；还有一些人只有很少的钱却也满足地度过了一生，他们懂得最大限度地享受当下自己所拥有的。

1988 年，美国哲学博士霍华德·金森派发了 10000 份幸福感调查问卷。在统计收回的 5000 份问卷时发现：只有 121 人认为自己非常幸福，其中 50 人是成功人士，幸福感主要来源于事业的成功；另外 71 人是从事各种工作的普通人，他们平淡自守，安贫乐道，很会享受柴米油盐的寻常生活。

于是，他认为这个世界上有两种人最幸福：一种是淡泊名利的平凡人，一种是功成名就的杰出者。如果你是平凡人，你可以通过修炼内心、减少欲望来获得幸福；如果你是杰出者，你可以通过进取拼搏，获得事业的成功，进而获得人生的幸福。

20 多年后，他又做了一次调查。结果当年那 71 名普通人除了 2 人去世以外，其余 69 人仍然觉得自己非常幸福；而那 50 名成功者中仅有 9 人事业依旧一帆风顺，仍然觉得非常幸福，其余的有 23 人觉得一般，16 人觉得痛苦，有 2 人甚至觉得非常痛苦。

于是，他得出结论：所有靠物质支撑的幸福感都会随着物质的离去而离去，只有因心灵的宁静淡定而产生的身心愉悦才是幸福的真正源泉。

>> 霞姐有话说

这两年，大家都在喊消费降级，都在寻找生活中各方面的平替。只要心中有海，哪里都是马尔代夫；只要心中有草原，哪里都是我的阿勒泰；只要能装东西，买奶茶送的保温袋和几十元的帆布包都不输大牌奢侈品……这种心态就非常积极，我很欣赏。

只要不为钱所累，有钱多花，没钱少花，平替的生活花小钱办大事，一样可以开心快乐。

把穷日子过得像花一样美

"宁可坐在宝马车里哭，也不坐在自行车上笑。"这一度是很多女孩子择偶时的标准之一。当爱情与面包不可兼得的时候，你选择爱情还是选择面包？我都选，因为面包我可以自己买。

在人生的旅途中，我们常常面临着不同的选择。有人说，嫁给有钱人挺好的，可以尽情享受物质生活；而嫁给普通人，也能够享受生活的温馨。然而，现实中却有很多人在做出选择后又心生抱怨，嫁给了普通人却又向往富人的生活。这样的心态往往会让自己陷入无尽的痛苦之中。

曾经有一位老板的司机跟我诉苦说，他每天都生活在水深火热之中。实际上，他自己觉得日子过得挺好，可他的老婆却不满足，回家就要被老婆埋怨。她渴望住更大的房子、拥有更多的钱，并且总是拿他跟老板比。这让我不禁想起了当年的自己。

1978 年，不满 18 岁的我考上了南京大学。在那个年代能考上南京大学的人基本上是万里挑一。班上有些同学甚至比我大了 10 岁左右，王庆国比我大两岁。大学时，我们就陷入了热恋。本科毕业后，我参加了工作，而王庆国则留在校园继续深造，攻读硕士、博士学位。

那时的我们一贫如洗，可贫穷却挡不住有情人终成眷属的愿望，我们毅然决然地结婚了。

我自恃长相不错，又是那个年代少有的女大学生，当时理工科的女生如熊猫一样稀有。因此，我一直很自信，甚至有点自信爆棚，自认为王庆国娶到我这么好条件的女人就应该无条件地对我好。我当初嫁给王庆国，一是喜欢他的才气，他的学习成绩在班上是数一数二的；二是欣赏他的刻苦，他可以把汉语字典、英汉词典背下来。

写到这里，一段美好的回忆浮现在我眼前：在绿树荫荫的大学校园里，有个男生喜欢一个女生，就上去搭讪，问女生能否借些饭票给他？女生回答不可能，自己还不够吃呢。男生说，你不够的话，我借给你？后来，女生就成了男生的女友。

爱情就是这么美妙，可以因为一个眼神、一句玩笑而心心相印。恋爱中的我一看到王庆国就满心的喜悦。钱是什么？根本不考虑。

但人总是矛盾的。虽然自己明白当初的选择是对的，然而，当虚荣心作怪的时候，当周边的人说三道四的时候，我又开始有些动摇了。我觉得以我的条件，应该可以嫁个条件更好的人，于是开始怀疑当初的选择是否正确。

于是，我经常会无故发脾气，与王庆国闹别扭，要他去买我想要的家具……一向脾气好的王庆国为了哄我开心，借钱给我买了一套家具。当时一套家具的价格是我们全家半年的收入，压力可想而知。

后来，我调整了心态：家里钱的多少不是我能决定的，但是快乐的心情我可以自己选择。于是，我采取了一系列省钱的方法。

王庆国经常津津乐道我怀孕时的壮举。那时候，我还有两三个月就要生孩子了，于是回到王庆国的老家待产。那个年代，普通家庭物质条件都比较差，而我却不甘于向艰苦的日子低头。我积极寻找着各种赚钱的门路。我卖过报纸，穿梭在大街小巷，用辛勤的汗水换取一些收入。我还从菜市场低价购进鸡鸭，凭借着自己的精湛厨艺将它们精心制作成美味的盐水鸡、盐水鸭，再以稍高的价格售卖出去，又可以为家庭增添一份收入。此外，我还从附近的皮带厂买回那些有瑕疵的皮带，自己耐心地修理好后再高价卖出赚取差价。

王庆国每每提及这段时光总是满脸钦佩，觉得我仿佛拥有神奇的魔法，能将那段苦涩的日子变得不再那么难熬。在他眼中，我简直无所不能。

刚有孩子的时候，我们要工作还要带孩子，生活依然拮据。但我不再抱怨，而是量力而行。苹果买坏掉一些的，很便宜。买肉只买鸭心肝，够儿子一个人吃就行，大人吃素。那时候蔬菜很便宜，虾比鱼贵，但是，还是买虾不买鱼，虾可以只买二两，够儿子一个人吃了。

现在的年轻父母，什么都要高档的，我就开玩笑说："为什么非要买进口奶粉啊？吃坏苹果长大的孩子也可以上斯坦福大学。"

在教育孩子方面，我也没有报什么辅导班，就是妈妈给儿子讲故事，爸爸教儿子做数学题。

这样下来，每个月的收入竟然还有结余。好开心啊！钱还是那么少，心情却像花一样美。

其实，无论我们选择了什么样的生活，都应该用心去经营。嫁给有钱人有物质的享受，但也可能面临着其他的烦恼；嫁给普通人，虽然生活可能会艰苦一些，但却能收获别样的温馨。重要的是，一旦做出了选择，就不要抱怨，要用心去发现生活中的美好，把穷日子也过得像花一样美。

>> 霞姐有话说

追求物质财富是没有尽头的，永远都有人比我们更富有。但我们也要永远记住，有些东西是花钱也买不到的，比如快乐和亲情。外边是花钱就能去的，但是家不是花钱就能回的。不要羡慕别人的锦衣玉食，自己勤勤恳恳用双手把苦日子过甜，把穷日子过美。要相信，只要一家人和和美美共同努力，日子就会越过越好。

我一定会爱上儿媳

有一个问题曾习难过无数男子汉：如果不会游泳的老婆和妈妈同时掉进河里，先救哪个？

在我看来，婆媳矛盾和夫妻矛盾类似，不过是小矛盾，完全可以化解。

尚未有儿媳的时候，我就坚信自己一定会爱上儿媳。如今，儿媳真的来了，我依然如此认为，一定要好好爱儿媳。儿子结婚前，一个星期给家里打一次电话，现在一个月才一次，而且在美国两年都没回一次家。但我一点都不在意，反而暗自开心，心想"儿子终于长大成人了"。我若想他了，可以自己飞去美国看他，这样能省却孩子很多麻烦，让他全力去做自己想做的事。就如同那句话所说——他若安好，便是晴天！

聪明儿媳应有的态度

"如果我和你妈妈同时掉进河里，我们俩都不会游泳，你会先救哪一个？"我觉得这个问题本身就不应该成立。聪明的妻子不会提这么傻乎乎的问题，也不应该在丈夫面前跟婆婆争宠。事实上，对于每个丈夫而言，妻子应该是陪他到人生最后的人，也应该是他人生中最亲、最爱的人。但是母亲把他养育成人，母爱同样不可替代。拿着两种不同的爱去比较、去争宠，实在没有必要。

再说，如果丈夫回答先救妻子，那说明这个男人连基本的孝心都没有，这样的男人怎么可能是好男人呢？这样的男人值得你托付终身吗？

智慧婆婆的感悟

再说说"儿子娶了媳妇忘了娘"这句话。事实上，很多儿子在娶了媳妇成了家以后，确实会比未成家时与父母的联系少很多，可能很少回家看望老人，电话联系也少了。这时，很多父母就会站出来指责儿子："你简直是娶了媳妇忘了娘。"其实，父母是错怪孩子了。孩子成家后，可能回家少了，联系少了，但这并不代表他们不想联系父母、不关心父母了。孩子成了家，真正独立了、成人了，有很多事情等着他去处理，对父母的"忘"，其实只是暂忘。

从另一个层面来讲，"儿子娶了媳妇忘了娘"恰恰是一件好事。这说明孩子终于成熟了，能够真正独当一面了，不用什么事都来打扰父母了。另外，如果"儿子娶了媳妇忘了娘"，那么他一定是找到了自己真爱的妻子，找到了自己的幸福。作为父母，应该祝福儿子，应该高兴才是。

很多婆婆对儿子溺爱，明明儿媳已经非常优秀了，却总以为儿子处处比儿媳好，觉得儿媳高攀了儿子，在儿子面前挑儿媳的毛病。儿子听多了，就会对儿媳有成见，本来非常相爱的小夫妻就会产生隔阂，有的甚至离婚。儿子再婚，又觉得现在的儿媳还没有之前的好，更受不了。这样不但把自己搞得很累，儿子也没有任何幸福感。

婆婆与儿媳都爱着同一个人，这个人也都爱着她们，有智慧的婆婆与儿媳应该是互敬互爱。

》 霞姐有话说

事实上，我最近几年多次去美国出差，都没有"顺路"去看一下儿子和儿媳。他们有他们的生活，我有我自己的事业要忙，大家各自安好。只有他们回国探亲时，我才会在工作之余抽出时间陪陪他们。看到我和先生各有各的事业和爱好要忙，儿子和儿媳在国外也是放心的。

第 三 章

与 子 携 手

把握恋爱主动权，女生要拥有追爱的智慧和勇气

经常有朋友找我给他们的孩子介绍对象。女孩子们都很优秀，在工作中积极进取，但在恋爱中却非常被动，即便有心仪的对象也不主动表达，一直等着别人来追。在等待的过程中，心仪的男生成了别人的新郎。

在爱情的舞台上，有这样一个常见的现象：许多女生选择默默等待，期待爱情如童话故事般降临。然而，真正的爱情或许需要我们主动出击。张爱玲说："于千万人之中遇见你所要遇见的人，于千万年之中，时间的无涯的荒野里，没有早一步，也没有晚一步。"这种情况是理想中的爱情，但有时候，若不主动，这"刚刚好"的缘分或许就会擦肩而过。

孩子已经上大学了，有些父母依然强调，好好学习，不要谈恋爱，谈恋爱会影响学习。然而，他们却未曾考虑这样要求孩子的后果。唯有在大学校园里，才会有男生在你宿舍楼下为你深情歌唱；在操场上冒着受处分的危险用蜡烛摆出大大的爱心，爱心中间写着你的名字。一旦走出校园，恋爱谈的往往是

房子、汽车和金钱，哪怕是送花也成了比拼花朵数量和价格的形式主义浪漫。

很多父母想象得十分美好，期待孩子工作稳定后，再寻觅一个适宜的结婚对象，过上幸福的生活。但这现实吗？合适的人哪有那么容易找到？小孩学习走路都得历经无数次跌倒才能走稳，结婚找对象，又怎可能一找一个准？

按时间来计算，大学毕业的年纪通常是 22 岁，如果继续攻读研究生，大概 25 岁毕业。这个年纪若还没有恋爱经验，父母便开始心急如焚，致使孩子感觉没有对象就不正常，于是孩子完成任务般地去寻找对象。倘若恋爱不成，分手之后再重新寻找……几年过去，许多人就这样被"剩"下了。

就拿我来说，父母从未要求我找何种女婿。妈妈曾对我说："只要是你喜欢的，我都喜欢。婚后的日子是你去过，你要自己做决定。"而且她还劝我找对象别挑三拣四。

我上大学时，按学校规定，大学期间不准谈恋爱。但有位老师却对我们讲："大学期间是寻觅对象的最佳时间，这里有众多的男生、女生，大家的选择范围很广。踏入社会后，哪还有机会结识这么多同龄人？"

年轻人容易受教诲，我认为老师的话颇有道理。我是个果断的行动派，打定主意后便开始行动，主动出击。我之前对同班同学王庆国颇有好感，可王庆国并不知晓，当时学校男女比例大概是 5：1，女生一个个骄傲得如同公主，男生根本不敢追求女生。我决定给他一点暗示，所以约他一起下象棋（女生学习一点男生的游戏，有时非常有用）。一起下了几次象棋，他便有勇气给我写纸条了。

就在这一次次看似平淡无奇的纸条传递中，燃起了我们青春的爱情火焰，让两颗年轻的心不断靠近。伴随学业的结束，我们也顺理成章地步入了婚姻的殿堂。从此，庆国和建霞一同欣赏日出日落，感受春华秋实，如今已经幸福地度过了 40 多个年头。

相信大家身边都有这样的女性朋友，长得漂亮、工作能力强、性格也好，但在感情方面太过矜持，无法放下身段去向喜欢的人表白。眼睁睁看着各方面不如自己的女生"拿下了"自己的梦中情人，最后只能一直单身或是委屈"下嫁"，过上"怀才不遇"的婚姻生活。

那些各方面条件普通的女生往往嫁得更好，恰恰是因为她们更自信、更勇敢、更主动，在选择爱人的时候掌握了主动权，在长久的婚姻生活中琴瑟和鸣。

我主张女生们都勇敢地去追寻爱，抓住爱！优秀的女生更不要把自己的优秀当成"高峰"等着别人来攀登，而要像在工作中一样积极进取，在恋爱中把握主动权。连奥黛丽·赫本那样的世界级女神在爱情中也从不被动等待，而是勇敢表达自己的情感，最终收获了属于自己的幸福。

　　"勇敢的人先享受世界！"女生们，解放思想，勇敢地主动表白吧！从人生长河来看，比起被拒绝的短暂伤心，错失一个理想的爱人才是更大的损失。把握恋爱的节奏，像简·奥斯汀笔下的伊丽莎白那样坚定地追求自己的真爱。愿每一个女生都能在爱情的道路上勇敢前行，拥抱属于自己的幸福未来。

好先生是怎样培养的？

在生活中，常常听到大家说我运气好，找到了一个好先生。找个好先生真的靠运气吗？运气只是一方面，更重要的是把先生培养成好先生。你知道好先生究竟是怎样培养成的吗？

如今的王庆国，确实是一个无可挑剔的好先生。但他并非从一开始就如此完美。我们结婚生子后没多久，他竟极其不负责任地对我说："我们的婚姻最多只可维持 15 年。"这句话无论放在哪个女人的心里，都是一道难以跨越的坎。

我一直觉得自己是个非常出色的老婆。我长相姣好，热爱学习，积极做事，与先生相处以来从未红过脸。可是，刚刚结婚一年多，先生就开始考虑离婚的事情。由此可见，对于一般的小夫妻而言，要维持一段稳定美满的婚姻是多么的不容易。

幸运的是，他的预言并没有成为现实。40 年的时光悄然流逝，我们依然是彼此的唯一。在这 40 年中，他的责任感日益增强，工作也越来越出色，退休后仍然在继续自己的事业。这种转变是为什么呢？因为从我的角度来讲，我始终用心去做一个好爱人，全心全意地爱着他，用心地经营着我们的婚姻。

在培养好先生的过程中，有很多方面值得我们关注。

首先，夫妻之间的对话方式至关重要。曾经有这样一对小夫妻，老婆忘记带钥匙了，老公大声斥责道："你怎么回事啊，整天丢三落四的！"而另外一对夫妻的做法却截然不同。我的一位女同事忘记带钥匙，她的老公立即轻声说："都怨我，要是早点提醒你就好了。"我特意将这两个场景在王庆国面前绘声绘色地讲了一遍，没有提出任何要求。没想到，从那以后，当我犯类似小错误的时候，他说话也不再那么大声了。夫妻之间如果总是以责怪、埋怨、挑剔的方式交流，必然会相处得很艰难。

其次，认错也是一个重要的法宝。女人和男人往往都不愿意在对方面前低头。这样一来，矛盾就很难得到解决。其实，该认错的时候就应该勇敢地认错。没有人会对一个主动认错的人加以刁难。就拿我来说吧，我总是找不到东西，王庆国一直提醒我用过的东西要放回原处，这样会比较有条理，下次找东西的时候也方便。然而，我依旧会犯同样的错误。

这确实是我的一个缺点，那该怎么办呢？我必须承认这一点。有一次，我很柔情地跟他说："庆国，我已经很努力地去改了，但是，真的很难做到 100%，请您理解。"从那以后，他也就不那么计较了。

适时地认错，把展现宽容、豁达的机会让给对方，这也是培养好先生的有效方法。自己的缺点一定要勇敢承认，并请对方理解。如果有问题还不承认，那么对方一定会想尽办法证明是你的问题，那样可就麻烦了。

再者，好先生是夸出来的。男人就像孩子一样，在爱人那里找不到自信，不能让自己的家人有幸福感，这是他最大的失败。而夸奖恰恰是对先生最大的肯定。不管夫妻之间有过多么大的不愉快和分歧，都不要轻易在别人面前数落自己的爱人。相反，要适当地把对方的优点表达出来。真诚地夸奖他的勤奋刻苦、能干、爱孩子、爱家庭等。这些发自内心的赞美都会让他感到无比幸福，让他真切地感受到自己的重要性。适时地轻轻地说一句："这个家里有你真好。"在这个时候，他必然会为家庭义无反顾，并且一定会表现得更加优秀。

最后，关于另一半的勤快和懒惰，关键在于老婆怎么说。有些女人总是埋怨先生不帮自己做家务。但实际上，除非你真的遇上了一个懒汉，大多数男人是不会完全不管家务的。

在我们家，多半的家务都是王庆国干的。即便如此，他的心里依旧舒舒服服。为什么呢？因为我经常会在人前人后夸赞他："我家先生洗碗洗得特干净，洗过的杯子不会挂水珠。"很多女生听了都羡慕不已，说以后找爱人要找王庆国这样的。这让他很得意，洗碗也越发勤快。不用我叫，每次吃完饭他就急急忙忙地去洗碗，生怕碗被我洗了。每次开饭，我都会马上丢下手里的事情过去吃，看着我吃得那么满足，他也感到很满足。

总之，要想拥有一个好先生，就多夸夸他吧。用正确的方式与他交流，适时地认错，让他在婚姻中找到自信与幸福。

》 霞姐有话说

每个人都想听"好听的话"，先生当然也不例外。因此，无论在外面还是在家里我们都要说"好听的话"，最忌讳的就是在外甜言蜜语，回家对亲爱的人却恶语相向。世界上最甜蜜的语言是夸赞，他会成为世界上最甜蜜的另一半。

先生收到的匿名鲜花

三八节、情人节、老婆生日、结婚纪念日……先生没送花是不是不爱我了？

那是一个普通又特殊的日子，在王庆国生日之际，他竟收到了一束娇艳欲滴的红玫瑰，还有一张写着"偷偷地思恋，悄悄地崇拜，亲爱的王院长生日快乐"的卡片。先生瞬间容光焕发，连说话的语调都满是喜悦，甚至当即就给他的学生打电话，决定"这个暑假不休息，加班做实验、写论文"。或许在他心里想着，既然被人崇拜又受人爱慕，那更应该多做出点成绩来。

在这之后，我们平淡的夫妻生活多了一项有趣的日常活动，那就是每天都会讨论一下那个神秘的送花人。让他倍感欣慰的是，作为老婆的我不仅没有吃醋，还会和他一起分析。我非常宽容大度地分析给他听："那个神秘的送花人可能永远不会出现，她只是想表达一种爱慕，但又不想给你添麻烦。"

日子就在这般温馨的氛围中缓缓流逝，那个神秘的送花人始终没有现身。直到有一天，我打开淘宝网的购花记录，笑着告诉他："那个送花人就是你的老婆！怎么样，你既享受了情人般的感觉、百慕大般的神秘、侦探小说般的悬念，又不会给家庭带来麻烦……"

王庆国听了既失落又惊喜，脸上先是浮现出一抹失落，那神情仿佛是一个美好的梦突然被打破。但很快，这失落又被惊喜所取代，他的眼睛里闪烁着感动和意外交织的光芒，嘴角上扬，瞬间沉浸于妻子对自己的爱慕之中，同时又被我古灵精怪的"小花招"所折服。

这件事已过去多年，每每想起，我俩还是会忍俊不禁。

回想起这件往事，不禁让我想到另外一件关于送花的事。有一年，我在深圳大学的食堂里吃饭，有位男老师跟我说："妇女节在电视上看到你了。你讲得真好，简直说到了我们男人的心坎里。"

当时深圳电视台就"三八妇女节送鲜花"的问题采访我，我大致是这样讲的："鲜花是用来欣赏的，不是用来拥有的，我不要先生送花，看花去公园看就好了。买回来的花束寿命只是短短的几天，再者，采回来放到家里也不环保。"

林语堂先生曾说："用爱情的方式过婚姻，没有不失败的。要把婚姻当饭吃，把爱情当点心吃。"其实，像妇女节、老婆的生日、结婚纪念日、情人节等各种各样的节日，老公们往往挺为难，送花吧，价格昂贵，不送吧，又怕老婆不开心。而且，一旦送花被视为理所当然，看到鲜花时的那份惊喜感也就大大减弱了。想想，做男人还真挺不容易的。

偶尔送送花，能给对方带来惊喜，如果将其当作必须要做的事，反而失去了意义。我虽然不要求王庆国送花，但倘若他送了，我依旧会满心欢喜，笑逐颜开。

就像列夫·托尔斯泰所言："已婚的人从对方获得的那种快乐，仅仅是婚姻的开头，绝不是其全部意义。婚姻的全部含义蕴藏在家庭生活中。"送鲜花是锦上添花的事，生活中，夫妻二人互相支持才是幸福生活的最大安全保障。

我不要求先生送花，却给先生送过花。这一束花带来的不仅是他一时的喜悦，更为我们的生活增添了不少趣味。这束花让王庆国在一众同事、同学、兄弟们中吹了好多年的牛，毕竟别的男人都是给老婆送花，只有他是唯一一位收到老婆送花的幸福男人。

>> 霞姐有话说

在长久的夫妻生活中，偶尔来点小惊喜，无疑会给平平淡淡的日常生活带来一点小刺激和小趣味。这一点点的小浪漫仿佛是婚姻中的魔法调料，虽用量不多，却能让婚姻保鲜，为生活增添甜蜜的滋味。

在外他是精英，在家他是"笨笨"

你怎么称呼自己的另一半？

我称呼王庆国为"笨笨"，这是专属于他的称呼。

为何如此称呼他呢？他在许多方面都显得有些"笨"，用现在流行的话讲就是"工科钢铁直男"。恋爱时，我渴望他来安慰，他毫无察觉；我期望天天与他相见，他懵懂不知；我想他陪我去南京玄武湖欣赏风景，他也不明白。

我暗自思忖：这个人怎会如此愚钝？简直就是个"笨笨"。

于是，"笨笨"这个称呼就这么叫了数十年。我们也从最初的陌生逐渐变得心心相印。

虽然曾经的直男已经成为功成名就的社会精英，是名副其实的成功人士，但回到家，在我心里，他永远是我那可爱天真、时而冒点傻气、不解风情的"笨笨"。

如今，"笨笨"喜爱与我相伴。为了能有更多时间陪我，他推掉众多应酬，也尽量避免出差。有同事打趣道："你们回家后，不就是你瞅着我，我瞅着你？都老夫老妻了，还没看够吗?"我笑着回应:"并非如此。我们回家也是盯着各自的电脑显示屏。"我们的电脑并排摆放,靠得很近,经常各自忙碌,虽然没有太多时间互相交流,但能真切地感受到彼此的存在。

托尔斯泰在其享誉世界的名著《安娜·卡列尼娜》中开篇写道:"幸福的家庭都是相似的;不幸的家庭各有各的不幸。"于我而言,幸福的家庭也各有各的独特,每个幸福的家庭都有自己独特的相处和沟通模式。

记得刘若英分享她和丈夫钟小江的相处模式:他们一起出门,会去不同的电影院看不同的电影;一起回家后,一个往左,一个往右,卧室、书房独立,仅共用厨房和餐厅。他们在婚姻中既相互陪伴,又彼此保留独立的空间,尊重对方的个人爱好和需求。这种相处方式让他们的婚姻生活舒适且自在。他们在一众秀完恩爱就离婚的明星之中如一股清流,展现了幸福婚姻的另一种状态。

我和"笨笨"也是这样。我们彼此爱恋,但从不彼此控制。我们会为对方着想,但绝不让对方欠"感情债"。

清晨,当我经过"笨笨"的床前,他会说:"你是来亲我的吗?"其实我原本并无此意,却也将错就错,走上前去亲他一下。或许,他心里清楚我并非为此而来,只是把自己的期望化作温馨的提醒,给我留足了颜面。

"笨笨"爱吃鱼的脊背,我便尽量吃鱼的肚子。我每次使用完坐便器,都会把盖子掀起来,方便"笨笨"使用。每次与

"笨笨"分别，我都会轻拍他的左手，他喜欢这般，据说这样能让穴位畅通。我们家客厅没有大茶几，是为了腾出空间跳舞。我们钟情于在客厅跳拉手舞。

倘若"笨笨"晚上迟归，我会先上床休息。并非我不想等他，只是我担心倘若我一直等待，下次"笨笨"稍晚回来，会心生负担，毕竟他知道，我如果晚睡就很容易失眠。如果我也像其他恩爱夫妻一样，无论他回家多晚都要等他回来再入睡，反倒会让他担心。这样一来，彼此的爱反而成了负担。我不等他，我也轻松，他也轻松。

需要注意的是，每个人的婚姻和相处方式都是独特的，重要的是找到适合双方的模式，让彼此在婚姻中都能感到幸福和满足。同时，双方也应尊重彼此的个性和需求，保持良好的沟通和理解。

>> 霞姐有话说

任何一种关系都需要用心经营，这样才能获得长久的和谐与幸福。生活中的点点滴滴，缓缓地凝聚成深厚的亲情，才经得起琐碎日常和风风雨雨的考验。就像我特别喜欢的舒婷的那首《致橡树》里写的：

我们分担寒潮、风雷、霹雳；

我们共享雾霭、流岚、虹霓。

仿佛永远分离，却又终身相依。

做先生的伯乐，发现他的无限可能

经常有女性朋友跟我抱怨她们的先生，说他们是"猪队友"，而我提起王庆国从来只有赞赏。因为在我眼里，他真的很棒，他就是闪闪发光的存在。

在婚姻的长河中，我们常常忙碌于日常琐事，却容易忽略身边那个最亲近的人身上的闪光点。然而，真正聪明的女人善于发现先生的优点，并给予坚决的鼓励与支持。

王庆国，我的先生，他拥有极强的思辨能力。对于如何建设一个好的社会体系，他有着诸多深刻的主张。在我看来，他的才智不应被埋没，他应当发挥自己的优势，激发社会正能量，用自己独特的观点去影响更多的人。

于是，我鼓励他上电视展现自己的风采。起初，他总是不自信，想起小时候被人叫作"口水呆子"，觉得自己不太会说话。但我坚信他的能力，始终坚持自己的观点，不断地鼓励他，给予他毫无保留的支持。

幸运的是，经人推荐他去了深圳电视台。从那以后，他成为了深圳电视台"第一现场""财经生活"等多个新闻栏目的常客，甚至还做客"凤凰卫视"。他的评论犀利而深刻，受到广大观众的喜爱。去电视台做节目也成了他最喜欢的事情。看着他在自己的舞台上发光发热，我由衷地感到高兴。

先生常常感慨，没有我的鼓励，他可能永远不会成为电视上那个侃侃而谈的嘉宾，也不会发现自己还有这样的特长。的确，知夫莫若妻。在丈夫事业发展的道路上，作为妻子，我有着独特的视角和洞察力，能够发现他身上那些尚未被发掘的特长，用我的爱和鼓励，助力他的事业百尺竿头更进一步。

正是在我的持续支持和鼓励下，王庆国不断发现自己的强项。他热衷于给我买衣服和鞋，并且不惜跑遍全世界去挑选。神奇的是，无论他买什么，我穿上都格外好看，我也都满心欢喜地喜欢着。

我性格大大咧咧，经常丢三落四，而他认真仔细，总是不厌其烦地帮我寻找落下的东西。

我还经常招呼朋友到家里吃饭。在这个过程中，让他意外发现了自己隐藏的技能。原来，他做饭竟然这么好吃。如今的他，非常享受下厨的快乐，也极其愿意为我的朋友们精心准备一桌好吃的。看着他在厨房里忙碌的身影，那专注的神情，仿佛在创作一件艺术品。每一道菜端上桌，都能收获朋友们的阵阵赞叹，而他的脸上也洋溢着满足的笑容。这不仅让我们的生活更加丰富多彩，也让我们的感情在这些温暖的瞬间中不断升温。

婚姻不仅仅是柴米油盐的平淡生活，更是相互成就、共同成长的旅程。做那个善于发现丈夫特长的聪明女人，用鼓励和支持为他们的梦想插上翅膀，一起飞向更美好的未来。

>> 霞姐有话说

其实很多先生都是能干的，有时候恰恰是被家人吐槽多了，反而失去了努力的意愿。聪明的女人，一定是那个给先生信心和支持的女人。退一万步讲，哪怕全世界都觉得他不行，作为最了解他们的我们也要真诚地说一句：你可以的！

被认可与赞叹的爱人，一定是无所不能的。

第 四 章

驻 颜 有 术

男人应当比女人更长寿

随着生活水平的提高和医疗技术的进步，全球范围内的人均寿命越来越长。但与此同时，寿命竟也"男女有别"。现实中，女性往往比男性更长寿。但理论上，男人其实应该比女人更长寿。

长久以来，我们常常发现男人的平均寿命往往比女人短。现实生活中，这样的例子比比皆是。有数据显示，在老年群体中，独居的老年女性数量远远多于独居的老年男性。这从一个侧面反映出男人寿命相对较短的现状。

在日本，预计到 2030 年，75 岁以上单身女性将增加 130 万人，所占比例达 60%，远超单身男性所占比例。在印度，到 21 世纪中叶，印度老年人口预计达到 3.19 亿人，以女性为主，54% 老年女性将成寡妇，9% 老年女性独居，只有 6% 的老年男性独居。在中国，独立居住的 60 岁以上人口约 1.6 亿人，80 岁以上高龄老年人独立居住比例上升最快，其中女性独居者占比较高。

这给他们带来了巨大的压力。繁殖过程中，雌性动物要进行巨大的身体投入，孕期消耗大量的能量，而雄性动物在生殖繁育方面付出的代价较小。正因如此，雄性动物试图尽可能多地交配以获得身份地位，从而逐渐变得凶猛而富有侵略性。虽然随着时代改变，男人与女人在照顾孩子方面承担着相同责任，但传承下来的争强斗胜的男性行为方式仍存在于社会体系中，使得男子存在更大的危险行为趋势，更容易让自己陷入麻烦。

我国的钟南山院士也强调，人的自然寿命可以达到 100 岁以上，但受各种因素影响，大多数人难以活到这个岁数。影响人类健康的主要有社会环境、父母遗传、医疗条件、自然环境、生活方式等五大因素，其中生活方式对健康的影响占比为 60%，是影响健康的最大因素。女性相对更长寿的原因包括自身的生物优势、雌激素保护、耐受应激反应以及生活习惯相对更健康等。

由此可见，男性平均寿命短的主要因素是不够健康和更危险的生活方式。如果男性能转变一下生活方式，应该比女性更长寿。

从理论上看，人的自然寿命是性成熟期的 8~10 倍，人类的性成熟期为 14~15 年，故人的自然寿命可达到 110~150 岁。❶

---

❶ 数据来源：澎湃网，"到底是什么决定了人类寿命的长短？"，https：//www.thepaper.cn/newsDetail_forward_24678694。

一般情况下，男人的性成熟期要比女人晚，按道理寿命也应该比女人长，然而现实并非如此。这主要是因为男人的一些生活习惯和性格特点影响了他们的寿命。

男人通常好胜心强，锻炼方式可能比较少，且性格相对沉闷，不像女人善于寻找快乐。比如，女人喜欢跳舞愉悦心情，而大部分男人却不感兴趣。青春期后，由于性激素的作用，人会变得烦躁且具有进攻性，老了之后性激素水平下降，老人又恢复了童真。女人在这方面表现尤为明显，一般老年女性无论是独处还是群聚，都能自己寻找快乐，过得比老年男性幸福。男人老了之后，觉得生活没有目标，需要新的刺激来弥补内心空虚。

男人不喜欢平淡，可中庸对身体更有好处。极端的以对抗为主的运动方式对身体的伤害较大，像各类体育竞技比赛，如果仅以赢为终极目标，为了比赛成绩就要牺牲健康甚至危及生命，就有所不值。女人爱流泪、爱唠叨、爱宣泄内心情绪，而男人生活压力大，有泪不轻弹，易积郁成疾。家庭中，女人更爱做家务，患"三高"病的几率相对较少。男人大都以事业为重，常在外应酬，抽烟喝酒，没时间锻炼身体；受了委屈、有了难处，只能自己硬扛着。

老子不仅思想深邃有学问，而且长寿。当有人向他讨教长寿秘诀时，老子张开嘴巴说，坚硬的牙齿都掉光了，而柔软的舌头却完好无损。"天下之至柔，驰骋天下之至坚。"以柔克刚，弱能胜强，这正是老子的养生之道。

其实，男人可以做出改变。年轻时可以做剧烈运动，年纪大了就要选择轻松愉快的运动。学会调整心态，不总是追求刺激，适当享受平淡生活，多向女人学习，学会宣泄情绪，不要把压力憋在心里。

男人并非注定比女人寿命短。只要改变不良生活习惯和心态，也可以像女人一样健康长寿，甚至比女人更长寿。

>> 霞姐有话说

当下的社会一个重要的关键词是"卷"。越来越长的工作时长严重损害了人们的身心，承担了大多数家庭经济重担的男人们也承受了更多的压力。"男人哭吧哭吧不是罪"，适当地释放自己的情绪，缓解压力，应酬的时候少喝点酒，退休后多培养一些爱好，跳跳舞、唱唱歌，就能拥有健康长寿的人生。

"上医治未病"，做自己的家庭医生

每当看到新闻上家长带孩子通宵达旦地排队看医生的消息，我都觉得有点遗憾。如果这些父母自己学一点医学常识，那么孩子和大人都能少遭点罪。

在古代，识字的人往往会掌握一些医学知识，因为他们会读医书。而如今，人人都识字，却没几个普通人会看病。现代医学发展迅速，医学门类细分且非常专业，人们找医生确实更加方便了。但是，看点医书也是大有好处的，小病可以自己治，不浪费医疗资源，还能时刻关注自己和家人的身体健康；对于大病，初期发现苗头就能及时得到治疗。

我一直坚持学习一些医学知识。我们家除了看牙，全家人都很少去医院。这是为什么呢？因为我们以预防为主，很少生病。就算偶尔有些小病，自己去药店买些药就治好了。

就拿我家的经历来说吧。孩子小时候去奶奶家就会拉肚子，可由我自己带的时候就不会。后来我发现原因就在于，奶奶每次洗碗后喜欢用抹布把碗擦干，而我洗碗后就直接把湿漉漉的碗摞起来，不会用抹布去擦。很可能就是抹布滋生细菌导致孩子拉肚子。

还有我先生王庆国，有一段时间他经常心口疼，自己吓得不行，以为是心脏病呢。但体检发现心脏没有问题，我判断是神经疼，给他吃了一段时间的复合维生素B，症状完全消失了。要是完全依靠医生，可能得跑很多家医院还难以确诊。

再有一次，儿子发烧、呕吐，我赶紧带他去医院看急诊。医生诊断为上呼吸道感染，给他挂水、吃药。可回家后他又开始拉肚子，过了两天依旧发烧，病情一点没好转。我问儿子生病前有没有吃过什么东西，他说同学聚会的时候吃了5个生蚝。我判断是食物中毒，去药店买了盐酸小檗碱（一种用于治疗肠道感染的药），吃了两次，病就完全好了。

很多病的症状看起来很相似，但病因却各不相同。懂些医学知识，家人的健康就更有保障。给大家讲个真事，可不是笑话哦。一位女性朋友上网查疾病，同时和先生聊天。网站上有病症的描述，比如，小腹坠胀、有不适感等。她先生说这些症状自己都有，是不是得了什么绝症。老婆说："是呀，是宫颈癌的前期。"虽然这有点夸张，但也说明了懂点医学知识的重要性。

现在，有的人感冒了非得去三甲医院排队看，这真的大可不必，纯属浪费医疗资源。其实一些小病完全可以在社区医院解决。现在也在大力普及社区医院和家庭医生，这能让我们更方便地看病，也能让医疗资源得到更合理的分配。

相反，有的病可能早期症状不严重，但如果不及时干预，就会酿成恶果。如果我们学点医学常识，就可以及时发现重病的早期症状，提醒自己或家人早点去看医生，进行早期干预，把重病扼杀在萌芽之中。

说到"上医治未病"，这里还有个典故呢。据《鹖冠子·世贤第十六》记载，魏文王曾问名医扁鹊："你们家兄弟三人，都精于医术，谁是医术最好的呢？"扁鹊说："大哥最好，二哥差些，我是三人中最差的一个。"

魏王不解地说："请你介绍得详细些。"扁鹊解释说："大哥治病，是在病情发作之前，那时候病人自己还不觉得有病，但大哥就下药铲除了病根。但他的医术难以被人认可，因此没有名气，只是在我们家中被推崇备至。我的二哥治病，是在病初起之时，症状尚不十分明显，病人也没有觉得痛苦，二哥就能药到病除。乡里人都认为二哥只是治小病很灵。我治病，都是在病情十分严重之时，病人痛苦万分，家属心急如焚。此时，他们看到我在经脉上穿刺，用针放血，或在患处敷毒药以毒攻毒，或动大手术直指病灶，使重病的人病情得到缓解或很快治愈，所以我名闻天下。"魏王大悟。

这个典故充分说明了预防比治疗更重要。真正的上医是在疾病尚未发生时就进行预防。

我们虽然不一定要成为专业医生，但是做自己的家庭医生，多学一些医学知识，就能在家人身体出现问题时多一份从容和淡定，使家人的健康多一份守护。

>> 霞姐有话说

由于我所学的专业，我一直比较重视养生。我从年轻时就开始养生了。养生知识和医学知识可以让我们活得更健康，拥有更高质量的生活。但是，也提醒大家，医学常识代替不了专业的医生，尤其现在网络上各种知识鱼龙混杂，大家要学会辨别真伪，症状严重的一定要及时就医，听专业人士的意见。

保养要趁早

我在 2025 年 65 岁了，还拥有乌黑亮丽的头发，且从未染过。皮肤紧致，皱纹极少，看上去比同龄人年轻许多。不少人觉得这是遗传所致，但事实并非如此。真正的原因在于我从 20 岁起就开始注重保养。

我在公开演讲中多次提及："养生与护发要趁早，20 岁正是最好的起点。我们不能等到问题出现时才去补救，而应在身体刚面临挑战时就积极采取保养措施。"

首先，20 岁的我们刚刚踏入社会，面临学习和工作等多方面压力，这些压力会在不知不觉中影响身体状态。此时开始保养可以帮助我们增强身体抗压能力，使我们在面对繁重任务时仍可保持良好的状态。

从皮肤方面看，20 岁是肌肤状态的重要转折点。此时，皮肤新陈代谢开始逐渐变慢，胶原蛋白的流失也悄然发生。倘若早早进行保养，重视清洁、保湿和防晒等基础护理则可延缓皮肤衰老进程，让肌肤长时间保持水润、紧致和光泽。想象一下，当同龄人在岁月侵蚀下逐渐出现皱纹、暗沉等问题时，你因为从 20 岁就开始保养而依然拥有细腻光滑的肌肤，这不仅是外在的美丽，更是自信的源泉。

再者，20 岁开始保养不只是外在的养护，更是对内在健康的一种投资。通过合理饮食、适度运动和良好的生活习惯，我们能增强身体免疫力，预防各种疾病的发生。年轻时打下的健康基础，会在未来岁月里为我们的生活提供有力保障。

同时，保养也是一种生活态度。从 20 岁保养开始拥有对自己负责的态度将贯穿我们一生，也会让我们受益一生。

我的保养理念是预防为主，分享给读者几个日常保养的具体做法。这些做法都很简单，只要每天坚持，就可以轻轻松松达到延缓衰老的目的。

（一）口腔护理，要重视餐后刷牙

良好的口腔护理习惯对 20 岁的年轻人来说至关重要。每餐后刷牙漱口能及时清除口腔中的食物残渣，减少细菌滋生，预防龋齿和口臭。晚上刷牙后应避免吃东西和喝饮料，因为夜间口腔中的唾液分泌减少，细菌容易繁殖，此时进食会增加口腔产生问题的风险。而刚起床时，由于口腔在夜间处于相对封闭状态，细菌繁殖相对较少，不必立即刷牙，可以在早饭后进行。

这样既能有效清洁口腔，又不会过度刺激牙齿和牙龈。

牙好，胃口才好。胃口好，吃嘛嘛香，身体才会棒棒的。健康的身体，是学业、事业、爱情、爱好等的基础。

（二）皮肤保养，用新鲜的护肤品，注意防晒

20岁的皮肤虽新陈代谢旺盛、胶原蛋白充足，但这并不意味着可以随意对待。如果不注重保养，再加上不良的生活习惯如熬夜等，会使皮肤水分失衡，导致油脂分泌旺盛，容易长痘痘、冒粉刺。而且，随着年龄增长，身体新陈代谢会逐渐减慢，肌肤也会加速老化。若在20岁就开始做好基础保养，如清洁、控油、保湿，就能有效减少皮肤问题的出现，为未来肌肤状态奠定良好基础。

1. 选择合适的护肤品、化妆品

20岁的肌肤处于较为活跃的状态，但不同肤质需要不同的护肤品和化妆品。油性皮肤应选择清爽控油的产品，干性皮肤则需要滋润保湿的护肤品。不能为了赶时髦而乱用大牌化妆品，适合自己的才是最好的。在日本，新鲜的护肤品价格非常昂贵，时间越久折扣越大。这是因为新鲜的护肤品能更好地发挥其功效，为皮肤提供所需的营养和保护。随着时间推移，护肤品中的活性成分可能会逐渐失去活性，效果也会大打折扣。

2. 注意防晒

不注意防晒会给皮肤带来诸多危害，如长斑、皱纹甚至患

上皮肤癌。紫外线是导致这些问题的主要原因之一，它会破坏皮肤的胶原蛋白和弹性纤维，使皮肤失去弹性，出现皱纹和松弛。同时，紫外线还会刺激黑色素细胞产生更多的黑色素，导致色斑的形成。为了保护皮肤，我们可以涂日霜、防晒霜、隔离霜，这些产品能在皮肤表面形成一层保护膜，阻挡紫外线的伤害。此外，戴帽子、太阳镜、打伞、穿防晒衣也是非常有效的防晒措施。不仅在海边和高海拔地区需要防晒，雪地也是一个容易被忽略的地方。雪反射的紫外线非常强烈，对皮肤的伤害更大。

3. 科学祛痘去印

科学祛痘去印是保持皮肤健康的重要环节。对于痘痘，可以通过保持皮肤清洁、饮食清淡、作息规律等方法来预防。如果已经长了痘痘，不要用手挤压，以免引起炎症和感染。对于痘印，可以使用一些含有美白成分的护肤品，如维生素 C、熊果苷等。这些成分能抑制黑色素的形成，淡化痘印。此外，还可以通过激光治疗等方法来去除痘印，但需要在专业医生的指导下进行。

记住，任何一种祛痘产品都不是万能的，但是找出长痘的原因，有针对性地治疗，所有的痘痘都是可以治好的。我研发的"深大玉妹"系列祛痘产品特别适合年轻人，很多青少年出国留学都会带些"深大玉妹"用来保持皮肤的好状态。

4. 健康饮食

健康饮食对皮肤的重要性不言而喻。多吃新鲜的水果和蔬菜，这些食物富含维生素、矿物质和抗氧化剂，能为皮肤提供营养，保持皮肤的弹性和光泽。少吃辛辣、油腻、甜食等刺激性食物，这些食物会刺激皮肤油脂分泌，导致痘痘的产生。同时，要保持充足的水分摄入，这样能使皮肤保持水润。

5. 正确的洗脸方法

不要用太热的水洗脸，因为热水会破坏皮肤的油脂膜，使皮肤变得干燥。建议用冷水洗脸，冷水洗脸有很多好处。首先，冷水可以收缩毛孔，紧致肌肤，增加皮肤弹性。其次，冷水可以促进面部血液循环，使肌肤更加健康。此外，冷水还可以缓解皮肤敏感，减轻皮肤的不适感。

洗脸时不要用毛巾用力搓脸，洗完脸后要用拧干的毛巾将脸擦干，或是用柔软的干毛巾将脸上的水分吸干，千万不要用干毛巾、洗脸巾或化妆棉擦脸。

（三）保养头发和头皮，预防脱发白发

20 岁开始就要注意预防脱发白发。头皮毛囊怕热，应尽量避免高温。蒸桑拿会使头皮温度急剧升高，破坏毛囊的生长环境。用太热的水洗头也会对头皮造成伤害。热水会使头皮的油脂过度流失，导致头皮干燥，影响毛囊的正常功能。电吹风对着头发吹时，如果温度过高且距离过近，也会损伤头发和毛囊。

适当补钙对于预防脱发白发也很重要。20 岁时补钙可以选择多种类型的钙剂，如碳酸钙、葡萄糖酸钙、乳酸钙等。建议选择含有维生素 D 的钙剂，以促进钙的吸收和利用。根据《中国居民膳食指南》，成年人每天需要摄入 800 毫克的钙。可以通过饮食摄入钙，如牛奶、酸奶、豆腐、鱼类等。同时，适当运动也有助于钙的吸收和利用。避免与其他药物同时使用，以免影响使用效果。在补钙前，最好咨询医生或营养师，了解自己的钙需求量。

保证睡眠时间和质量对预防脱发白发也至关重要。良好的睡眠是身体健康的重要保障。对于 20 岁的年轻人来说，防治失眠至关重要。首先，规律作息是关键。每天尽量在相同的时间上床睡觉和起床，建立稳定的生物钟。例如，可以设定晚上 11 点前上床睡觉，早上 7 点左右起床，保证每天有足够的睡眠时间。睡前不看手机，因为手机屏幕发出的蓝光会抑制褪黑素的分泌，影响睡眠质量。据研究显示，睡前使用手机 1 小时，会使入睡时间延长约 20 分钟。

做运动也是一个有效的助眠方法。晚上可以进行一些有助于睡眠的运动，如冥想、有氧运动和呼吸运动。冥想能让身体处于安静状态，缓解紧张，有利于入睡。每天睡觉前进行适当的有氧运动，像游泳、慢跑等，会使身体产生疲乏感，舒缓情绪，帮助入睡。呼吸运动，如腹式呼吸、深呼吸等也能舒缓情绪，有助于睡眠。

此外，还可以通过一些小技巧来提高睡眠质量。比如，保持睡眠环境舒适，避免光线刺激，保持睡眠环境安静、黑暗、凉爽。少喝咖啡、茶和碳酸饮料，减少饮酒和吸烟。保持积极乐观心态，减少焦虑和压力，可以通过练习瑜伽、散步、冥想等活动来缓解压力和焦虑。如果失眠问题严重，建议及时就医，在医生的指导下进行治疗。

此外，20 岁开始保养生育能力也不容忽视。有研究表明，从 20 岁开始"保养"自己的生育能力，要注意合理饮食、避免环境中的有毒有害物质。比如，少用微波炉加热聚碳酸酯制成的食物容器；少吃罐头食品，因为很多食物和饮料的硬质塑料外包装中含有双酚 A，会降低女性子宫内的细胞分裂，阻碍胚胎附着于子宫壁上；要少喝速溶咖啡和奶茶，它们含有大量反式脂肪酸，会减少男性激素分泌，抑制精子活力，还会影响卵细胞质量，增加不孕不育和胎儿畸形的风险。

20 岁，是人生的一个新起点，也是保养的关键时期。从刷牙漱口、正确地洗脸的小习惯，到选择合适护肤品、注重防晒、科学祛痘去印、健康饮食，这些看似简单的日常行为却能为我们的皮肤健康打下坚实的基础。而防治失眠、规律作息、适当运动，以及预防脱发白发、避免高温行为和适当补钙，更是我们整体健康的有力保障。

　　预防为主的保养理念，如同为我们的未来撑起一把保护伞。就像对大型机械等做预防性维护保养可以避免灾难或重大事故的发生一样，在我们的健康保养中，提前预防各种问题，能够大大降低未来可能出现的健康风险。

　　"诗碧曼"护肤养发品牌的理念是"以自然之力，唤青春之美"。"诗碧曼"的养发产品，通过天然草本精华，滋养头皮，缓解压力带来的头发问题。护肤系列则采用先进科技与天然成分相结合，为肌肤提供温和有效的呵护，帮助我们抵御各种压力对皮肤的伤害。

>> 霞姐有话说

　　很多朋友都是从 30 多岁甚至 40 岁左右，身体出现了初老现象才开始保养的。其实，保养身体跟治病一样，预防比治疗重要。保养开始得越早越好。

　　从 20 岁身体状态处在顶峰的时期就开始保养，可以将身体状态维持在人生最好的状态，有效地延缓衰老。

第 五 章

亲 子 成 长

巧用是非标准，避免盲目说教

很多父母在育儿的过程中，经常苦恼于孩子怎么有那么强的逆反心理？不让他们干什么，他们偏要干什么，就是要跟父母对着干。

在教育孩子的过程中，许多父母聚在一起交流时发现，大家都有着相似的困惑与无奈：小孩怎么都不听话呢？明明没少教导他们，孩子听得厌烦，父母心情沮丧，说到最后孩子却依旧无动于衷。这种看似苦口婆心的教育方式往往事倍功半。从教育学的角度来看，这种如黄河之水般滔滔不绝的说教式教育确实是最费力不讨好的。

著名教育心理学家维果斯基提出了"最近发展区"理论，强调教育应着眼于孩子的现有水平和潜在发展水平之间的差距，给予适当的引导。而不是一味地进行长篇大论般的说教。多说无益，其实只需要告诉孩子一个标准就好。

我儿子小时候显得过于有"教养"。印象最深的一次是我让他去邻居家借东西，他在邻居家门口站了许久，一会儿伸手，一会儿缩手，就是不敢按门铃。询问之下，他吞吞吐吐地说："邻居阿姨在家休息，我去打扰多不好啊，还会耽误别人的时间。"我们觉得这样过度的"教养"并不可取，必须想办法让他改变。

于是，我们决定不再把他当作完美的人来教育，不再提出过多要求。而是在每件事情上只告诉他是非标准，以及所衍生的不同结果，让他自己思考如何选择。随着时间的推移，孩子因为有了自己的是非标准，判断能力逐渐增强，个人自信和主见也随之而来。他对任何事情都能清楚大胆地去表达，原来那种遇事踌躇不前、举棋不定的个性得到了有效修正。

在孩子的教育中讲是非必须明确，切中要害。这就如同用手拍蚊子，要对准目标，一下子打中，不能东拍拍、西拍拍，否则不但蚊子没打到，而且手也疼了。为什么会这样呢？因为孩子的认知是有限的，他们并不完全清楚什么是对的，什么是错的。如果此时长辈只是一味地责怪孩子，那孩子除了觉得委屈之外，确实学不到什么。

只有明确地告诉孩子对与错的标准，孩子才能自己去判断。比如，有一次乘坐电梯，一个小孩不停地按电梯按钮，与孩子站在一起的老人就责骂孩子不守规矩、不安分。孩子自然不会听，老人甚至面露凶色动手打起了孩子。我不忍心，便走到孩子面前，蹲下来细心地告诉孩子每个电梯按钮的功用，以及乱按电梯的后果。听完之后，孩子就再也不按了。

让孩子明白是非不一定非得正儿八经地说道理。有时，明明看到的不是一件好事，反其道处理也是一种智慧的策略。有一次，一个朋友的孩子到我们家吃饭，她把一些米饭掉到了桌子上。王庆国没有批评她，而是对大家说："小妹妹吃饭挺干净的，桌子上几乎没有什么米粒。"小女孩满脸高兴，迅速地将桌子上的米粒捡起来，悄悄地放到自己的嘴里。我敢肯定，她以后应该再不会把饭菜掉到桌子上了。如果当时有人指责她说："你是怎么吃饭的？饭都掉到桌子上了！"结果可能会大不相同。她也许会记住这个教训，每次吃饭的时候也会吃得干净，但得到的却是一种失败的心情；更有可能的是她破罐子破摔："我就这样吃饭，你能把我怎么样？"这样的结果显然大家都不愿见到。

从正向反馈和负向反馈的角度来看，正向反馈能够激发孩子的积极性和主动性，让他们更有动力去做好事情；而负向反馈如果过度使用，容易引起孩子的逆反心理，产生负面效果。在教育孩子的过程中，我们应该多运用正向反馈，给予孩子鼓励和肯定，让他们在积极的氛围中成长。

明是非，先让孩子识是非。只有当孩子清楚地知道是非标准，才能做出正确的选择。明白这些道理，我们在教育孩子时就不会再苦恼，得到的将是融洽的亲子关系和有效的教育成果。

>> 霞姐有话说

孩子毕竟是孩子，他们不爱听大人唠叨，不爱听大道理。那就换个孩子容易接受的方式。多告诉孩子应该怎么做，而不是总告诉他们不应该怎么做。给孩子积极的正向反馈，就会收获一个不逆反的孩子。

俭以养德，帮孩子树立正确的金钱观

父母都想给孩子最好的物质条件，但又担心孩子因此养成铺张浪费的生活习惯。如何把握这个度，让孩子既能享受到物质的丰盈，同时又拥有勤俭节约的传统美德呢？

在当今社会，随着生活水平的不断提高，父母给予孩子的物质生活也愈发丰富。尤其在处于改革开放前沿的深圳，与港澳近在咫尺，新鲜奢华的商品第一时间涌入这里。大人孩子都难挡消费主义大潮的诱惑。

然而，在这一潮流中，我家始终坚持"俭以养德"的理念。

陶行知先生曾说："滴自己的汗，吃自己的饭，自己的事情自己干。靠人靠天靠祖上，不算是好汉。"这句话深刻地揭示了培养孩子独立自主和节俭品德的重要性。调查显示，在物质条件优越的家庭中成长起来的孩子，往往更容易出现挥霍浪费、缺乏责任感等问题。

我的孩子从小到大，虽然我和先生收入都不错，但从未给孩子提供特别优越的物质条件。无论同学们穿得多么光鲜亮丽，我的孩子总是朴实无华。在穿着方面，只要得体他就很满足。

孩子小学时候，我给他讲了安徒生的一个故事：安徒生很简朴，常常戴着破旧的帽子在街上行走。有个路人嘲笑他："你脑袋上的那玩意儿是什么？能算是帽子吗？"安徒生则回敬道："你帽子下面的那玩意儿是什么？能算是脑袋吗？"安徒生的才华和智慧为他赢得了无比的尊严。孩子从这个故事中明白了人的高贵和尊严是靠自己的本事和魅力赢得的，而不是靠一身名贵的衣服。

孩子养成了节俭的习惯，不乱花钱，穿戴方面朴素得体。他站在人群中虽不引人注目，但只要和他多交流几次，他身上的正能量就会表现出来。"腹有诗书气自华"，他用自身的能力和表现获得了别人的称赞。这也是我们作为父母最自豪的一点。

古往今来，越是物质条件好，越不能骄纵、溺爱孩子，无限制地满足其物质要求。正如古人云："由俭入奢易，由奢入俭难。"物质的奢华容易让人意志薄弱、精神匮乏。太容易获得的东西孩子不会懂得珍惜，也不会努力去创造，甚至可能觉得什么都是自然的、应该的。其实不能让孩子什么都不缺，而要让他有所期盼，这样孩子才有动力。比如，如果孩子特别喜欢喜羊羊，可以跟孩子说："你好好学习，将来可以让喜羊羊天天陪着你。"

因为我们从小给儿子灌输一些金钱观念，他从小就能理性地花钱。我们家的零用钱就放在家人都知道的地方，谁需要用钱就去拿，也包括只有几岁的儿子，他从来不会乱花钱。我们重视金钱，因为钱是用来实现理想的，不是用来炫耀的。

　　在孩子小的时候，父母就应该有意识地给孩子们灌输正确的金钱观。给予孩子们一定的可支配金额，让孩子认识钱，并帮助他们养成好的储蓄习惯和理财观念。美国有一本畅销书叫作《钱不是长在树上的》，这本书的作者尼古·古德弗雷在谈到储蓄原则时指出：孩子们可以把自己的零用钱放在三个罐子里。第一个罐子用于日常开销，购买在超市和商店里看到的"必需品"。第二个罐子用于短期储蓄，为购买较贵重的物品积攒资金，比如，小女生的"芭比娃娃"，小男生的"旱冰鞋"等。第三个罐子里面的钱则长期存在银行里。

　　在畅销书《富爸爸穷爸爸》中，作者也强调了培养孩子正确金钱观的重要性。书中提到，富爸爸会教导孩子让金钱为自己工作，而不是成为金钱的奴隶，从小就引导孩子认识资产与负债的区别，明白通过积累资产来实现财务自由。比如，鼓励孩子思考如何通过创业或投资来增加财富，而不是仅仅依赖一份固定工资。同时，也让孩子懂得延迟满足，学会合理规划自己的支出，为未来的目标储蓄和投资，让他们在成长过程中逐步掌握正确的金钱管理之道。

近几年，国内也非常重视对儿童财商的教育。很多机构都推出了相关课程，比如，在薛兆丰的"少年经济学"中，有很多适合孩子阅读的经济学故事。

一支小小的铅笔从木材、石墨等原材料的采集，到生产、运输、销售各个环节，涉及无数人的分工合作。"铅笔"的故事让孩子们明白市场经济中人们通过分工协作创造价值。

假设孩子有一定的零花钱可以在苹果和橙子之间选择购买，不同的价格、不同的口味偏好……"苹果与橙子的选择"的故事引导孩子思考机会成本和个人偏好对决策的影响。

孩子摆个柠檬水小摊，涉及成本（柠檬、杯子等原材料成本）、定价、销售策略等，"柠檬水小摊"的故事让孩子初步了解创业和经营中的经济学概念。

这些书和课程，通过一个个鲜活的故事，引导孩子们思考日常行为背后的经济逻辑。比如，为什么商场会有促销活动？为什么要节约资源？它帮助孩子们理解商品的价值、价格的形成、市场的运作等基本经济概念。

通过这样的方式，我们可以引导孩子学会合理支配金钱，培养他们的节俭意识和理财能力，激发孩子们对经济学的兴趣，还能培养他们的逻辑思维和理性决策能力，让他们在成长的道路上树立正确的金钱观，为他们未来的学习和生活奠定坚实的基础。

　　培养孩子节俭，并不是极端地让孩子省钱，甚至不碰钱。而是树立正确的金钱观，让孩子早早地接触钱，认识钱，认识到钱在人生中的作用，尽早地正确驾驭金钱，让金钱为自己所用。

在错误中成长，给孩子试错的空间

很多家长都怕孩子犯错误，因此，希望为孩子打点好一切。这样对孩子的成长真的好吗？

在孩子的成长道路上，我们常常小心翼翼地试图为他们规避一切风险。然而，从教育学的角度来看，适当让孩子犯错是他们成长过程中不可或缺的一部分。

美国有一个母亲去法庭告老师，说她的孩子画了一个圆形，孩子的老师一定要说她孩子画的是字母"O"。这位母亲认为自己的孩子可能画的是一个鸭蛋，也可能是一个苹果或是别的什么。老师如此草率地下决定，可能会严重影响孩子的创造性思维。虽然这位母亲的行为有些极端，但她对孩子创造性思维的保护值得我们深思。

让孩子在犯错中成长这是一个被广泛认可的教育理念。美国人认为，在错误中学到的东西印象最深刻。爱迪生在发明电灯的过程中经历了无数次的失败，但他从每一次失败中吸取教训，不断改进，最终成功发明了电灯。这个经典案例告诉我们，犯错误是通往成功的必经之路。

在这方面我也有亲身的体会。我上小学的时候，老师布置了一篇作文，是一篇课文的读后感。我直接把课文抄了一遍交给了老师，结果我得了 60 分。而另一位同学是她自己写了一篇，得了 98 分。我当时非常惊讶，在心里疑问：难道课本上的东西还不如一个小学生作文？凭什么她得 98 分，我得 60 分？从这个错误中我学到：粗糙的原创胜过精致的拷贝。

父母对孩子应该适时放手，让孩子去尝试错误、去碰壁。如果真的碰伤了，大人们也不要太过紧张，孩子会另辟蹊径。比如，科学家牛顿小时候曾被老师认为是"笨学生"，但他的母亲并没有因此而限制他的探索。牛顿在不断犯错和尝试中最终发现了万有引力定律。另外，我们也可以教导孩子打破规则另建一套自己的规则，这将有利于培养孩子的创新思维、发散思维，对他们自身的成长益处良多。现在社会上天天讲创新，而要让孩子拥有创新性思维，需要父母对孩子从小培养。

为了培养孩子的创造性思维，孩子的爸爸常常会做一些看似不合常理的事情。比如，下象棋的时候，他会说：我们来重新制定一个规则，车马炮的大小一样，走法一样。然后父子俩便按照他们自己的规则玩得津津有味。这样的"错误"规则是有利于孩子创新性思维发展的。

很多人都怕选错职业，但事实上很多人都在从事着自己不擅长也不喜欢的工作。这些入错行的人，很多都是其父母把他们归错了类，影响了他们孩童时的宝贵人生，致使他们不得不屈从于现实。就好像有些孩子天生可以成为一个 100 分的好医生，但是父母却认为孩子在医学上没有天赋，让孩子改学其他知识，结果孩子成为了一个 60 分的讲师。

放手让小孩尝试去犯错，当然不是说可以让他们为非作歹、无法无天。犯错就是让他有失败，有发现，有创新。让我们给孩子犯错的机会，让他们在试错中茁壮成长。

>> 霞姐有话说

"人非圣贤，孰能无过？"孩子犯错是正常的，我们要允许孩子犯错，在不断的试错过程中，孩子会成长得更快。父母要做的也许就是简单地放手。让孩子自己东一头西一头地撞撞南墙，吃吃亏，长长记性。在一次一次"犯错-纠错-总结经验教训"中，孩子就长大了。

分数很重要，如何看待孩子的分数更重要

　　每个家长都想让孩子考 100 分，但不同的家长对孩子考试分数的看法却千差万别。比如，孩子考了 99.5 分，有的家长会表扬孩子：孩子你好棒，差一点点就满分了；有的家长则会责怪孩子：那 0.5 分扣哪儿了？怎么就差 0.5 分呢？怎么总是这么不细心？

　　1990 年 9 月，儿子背起大书包，正式开启了他的学生生涯。入学第一天，王庆国就对儿子说道："我和妈妈对你有个要求，上课一定要认真听讲，多思考。老师讲课的时候不要在下面讲话、做小动作，这样不但自己没学到东西，还影响别人。上课时，如果别的孩子跟你讲话，你课后告诉他，上课了就要听老师的。下课了，就要多玩玩。"孩子牢牢记住了爸爸的话，课上一分钟，胜过课后一小时，成绩一直不错。

　　每次考试前，如果他问我们："我考多少分，你们就满意了？"王庆国总是装作不在意地说："随便啊，考个 80 分也就差

不多了吧！"当然，孩子的成绩每次都会远远超过这个数字，他从中能获得一种成功的快乐。其实，谁不希望自己孩子的分数能高些呢？但是，这需要策略。

如果孩子只能考80分，而你一定要他考90分，试想每次考试，孩子是多么害怕；如果他能考90分，你要求他考80分，他绝对不会只考80分就交卷。我们采取的是内紧外松的方法。

分数不一定代表孩子的真实水平，但是，对于提高孩子的自信心很有好处。如果孩子努力学习了，成绩依然不理想，他就会产生疑问，我是不是比较笨？我总也学不好吧？就像有的家长，看到孩子分数低就一味指责批评，结果让孩子越来越不自信，甚至产生厌学情绪。而有的家长则过于看重分数，给孩子报各种辅导班，让孩子不堪重负。

拿我自己来说，小学三、四年级的时候成绩不好，经常逃学。我害怕写作文，作文满分是100分，我一般只得60分。有一个学期，换了一个语文老师叫章建礼，我新学期的第一篇作文得了95分，这让我万分高兴。从那以后，我特别喜欢看书，之前是父母逼我上学，之后是我自己主动要学。

几十年过去了，我依然记得章老师批改的作文，在写得漂亮的句子下面打着红圈圈，同学都喜欢找红圈圈看。两年后，我的学习成绩由班上的倒数第一名，成为正数第一名。上初中、高中时，我的作文经常作为范文，在全校大会上宣读。同学代表在全校大会上的发言稿也基本上由我代笔，我一下成了远近闻名的"女秀才"。

后来，不仅作文，我的数理化成绩也跻身全校第一。每当我学习数理化遇到困难的时候，就告诉自己，作文可以写好，数理化为什么不行？我只要努力，肯定能行。在强大的自信面前，困难一个一个被克服。

下面是我的一些感想。

1. 章建礼老师是一位难得的好老师，讲课非常有感染力，同学们都爱听他的课。他教我们的时候，同学们你追我赶，学习热情空前高涨。好老师是能够改变人的一生的！万分可惜的是，后来，章老师弃教从政告别了讲台。如果他能一辈子当老师，该有多少学生受益啊！

2. 老师、家长要及时发现孩子的长处并加以培养。如果孩子的某个方面比较出众，那么，他的自信心就会大大提高，这对于孩子提高其他方面的才能也有帮助。孩子会想，我那么难的事都可以做到，这个为什么不行？其实，很多人在一生中，往往事情还没有开始就被自己吓倒了，不敢去尝试。只要坚定信念，很多问题其实没有那么可怕。

很多的家庭矛盾，源自对孩子教育观点的不一致。大人都想用自己的方式教育、影响孩子，如果不能达成共识，会惹出很多烦恼。孩子小的时候，如果我们大人的观点不一致，我们尽量避免在孩子面前争论，先私下讨论，如果还是不能达成共识，就心平气和地把各自的观点告诉孩子，请他们也发表自己的看法，然后投票，少数服从多数。

>> 霞姐有话说

　　正确对待孩子考试分数应做到以下几点：首先，不要过分看重分数高低，避免给孩子过多压力。分数不是衡量孩子能力的唯一标准，应关注孩子的学习过程和努力程度。其次，与孩子一起分析试卷，找出亮点和不足，帮助孩子明确进步方向。再者，鼓励孩子胜不骄败不馁，考得好给予肯定但提醒继续努力，考得不好则给予安慰和支持，激发孩子的学习动力。最后，不要将孩子的分数与他人比较，每个孩子都有自己的成长节奏和特点。

我帮孩子写作文

孩子作业太多，每天写到深夜。我们能不能帮他写？

在孩子的学习过程中，父母常常面临着各种抉择。对于孩子的作业问题，我们需要谨慎对待。

儿子上小学一年级的时候作业量很大。他一放学回家就要写上一个小时的作业，而且很多都是重复而没有意义的内容。比如，有一次的家庭作业就是把"5+5＝10"这个简单的数学算式抄写十遍，类似这样的作业比比皆是。当时孩子就表示他不想写，而我立即随声附和，对他不想写此类作业的行为表示支持。

我和先生都是教育工作者，从教育理论来看，过度机械重复的作业不仅无法有效提升孩子的学习能力，反而可能会让孩子产生厌烦情绪，降低学习兴趣。在我们的教育理念里，保护孩子的学习兴趣甚于保护孩子的眼睛。

孩子不做作业并不是因为懒，而是他认为有很多更重要的事情要做，比如阅读。孩子的爸爸每周都要买几本新书给他看。因材施教，就是给孩子多些自由的选择。就像电影《放牛班的春天》里的马修老师，根据每个孩子的特点进行教育，让他们在适合自己的道路上发展。比如，有的老师要求学生把考过的卷子再抄一遍，对于那些考 60 分的孩子，抄一遍也许有帮助；但是对于那些考 100 分的孩子，再抄一遍就是浪费时间了。所以我们都是要求孩子在课堂上把知识学会，不要占用课后时间。小学的知识相对简单，孩子只要上课时间认真听讲，学习好并不难。

儿子上小学一年级时老师就要求学生写作文。儿子觉得很难，写不好，成绩大多为"中"。我就以儿子的口吻帮他写，写好之后，再让儿子自己抄一遍交给老师。我一共帮儿子写了三次作文，每次都得到了"优"。后来他自己写也得了不少的"优"。帮孩子写作业这个举动让很多父母都难以接受，会认为这是在帮孩子撒谎。但是我觉得，即便认定它为谎言，那也是一个善意的谎言。

写好作文唯一的途径就是多读书、做笔记。我在中学的时候，把读过的书本里的精华段落抄下来，抄了好几本，还经常拿出来欣赏，使我的作文水平大大提高。如今，大量的作业、补习班侵占了孩子的阅读时间。有些孩子平时学习很用功，却在高考之后选择把书扔了，说明他们从心里厌恶学习。由于没有学习兴趣，学习就成了一件苦差。很难想象在这样的学习环境中成长的孩子会有兴趣终身学习。

作为父母，不要总是强调学习的重要性，而要在关键的时候帮助孩子，让他知道怎么样才能学好知识，帮他找到方法。必要的时候，帮孩子减轻作业负担，能让孩子有余力学到更多知识。

>> 霞姐有话说

> 我并不提倡大家都去帮孩子写作业，但如果孩子有更重要的事情要做，又不想在班里搞特殊，那不妨灵活处理。帮孩子做一份优秀作业的样板，让孩子有一个具体的模仿对象，孩子以后会做得更好。

别人给孩子请家教，我给儿子请"家学"

换了好几个家教上门补课，孩子的成绩还是没有起色，怎么办？要不要逆向思维，像我一样给孩子请个"家学"？

在孩子的教育之路上，很多家长选择给孩子请家教，希望能提升孩子的学习成绩。然而，我却有着不同的做法——给儿子请"家学"。

儿子从上小学到后来去美国斯坦福大学读博，我们一直没有给他请过传统意义上的家教。所谓"家学"，就是请人来听儿子讲。因为在教别人的时候，最容易把自己讲明白。很多时候，这个"家学"的听众就是我本人。儿子放学回来，我在厨房做饭，孩子就给我讲课堂上学到的东西。在这个过程中，儿子体会到了当老师的乐趣，同时又巩固了知识。而作为母亲，听着儿子那稚嫩的童音，我心里满满的都是喜悦。

我做过学生，也当过老师，深知有些课程，特别是逻辑思维类的，如数理化，脑海中原本模糊的概念，在讲课过程中会变得异常清晰。这其实涉及到学习过程中输入与输出的关系。孩子在学校里主要是进行知识的输入，听老师讲课、阅读课本等。如果只有输入而没有输出，知识就难以真正被掌握和内化。

在教育学理论中，输出的重要性不可忽视。美国著名语言学家斯蒂芬·克拉申提出的"输入假说"认为，只有当学习者接触到"可理解的语言输入"，即略高于其现有语言水平的第二语言输入，而他又能把注意力集中于对意义或对信息的理解而不是对形式的理解时，才能产生习得。然而，仅有输入是不够的，语言的输出同样关键。

著名语言学家斯温提出了"输出假说"，强调语言输出在语言习得中的重要作用。学习者通过输出，可以检验自己对语言的理解和掌握程度，发现自己的不足，从而进一步促进语言的输入和学习。同样，在其他学科的学习中，输出也起着至关重要的作用。当孩子把所学的知识讲出来，这就是一种输出。通过输出，孩子能够更好地理解和巩固输入的知识，让知识在脑海中更加清晰和深刻。

所以，我认为高年级的同学给低年级的同学做辅导员，是个非常好的做法。既减轻了老师的负担，又巩固了自己的知识。课后，孩子和老师、同学讨论问题也是很好的方式，因为这也是一种输出和交流。但是，正规地请家教帮助孩子温习功课，占用孩子太多的课外时间，就不好了。当然，如果孩子到了一个新的环境，一下子适应不了，请个家教恶补一下，也是不错的选择。

儿子上小学的时候，有一次帮一位同学辅导功课，同学的家长给了他10元钱作为感谢。晚饭的时候，王庆国要求以此为主题全家每人做诗一首，儿子也做了一首打油诗："小小儿郎出家门，传来琅琅读书声。早出晚归为啥事？辅导功课把钱挣。"我们高兴的不是儿子辅导功课挣了10元钱，而是他有帮助别人学习的能力，他自己在其中也体验到了快乐和成功。

我们不赞成请家教，是因为孩子在学校一天五、六节课，好几个小时都在听老师讲，已经听得足够多了。回家后，如果还要听家教再讲一遍，孩子一定会感觉很烦躁，严重影响孩子的学习兴趣。有些提高班、强化班，根据孩子的需要参加一下未尝不可，但切忌跟风。

我们检查儿子作业的时候，会发现他有些做得不对的地方。我们就会草拟类似的题目，带着求知的态度去请教儿子。神奇的是，他之前做错的题目，在他教我们的时候就做对了。这再次证明了输出对于学习的重要性。

但是，并不是所有的学科都不能请家教。一些外语学科倒可以请家教，只是请外教的目的不是听外教一个人来讲，而是请他来营造一种语言氛围，让孩子能跟外教一起讲外语。还有，如果孩子有兴趣学一些技能性的东西，比如，乐器、唱歌、跳舞、游泳等，则需要请专业的老师辅导，这种家教就是必要的。

在孩子的教育中，我们要善于利用输入与输出的关系，让孩子在学习中找到乐趣和成就感，而不是盲目地给孩子请家教，加重孩子的负担。请"家学"，或许能为孩子的成长开辟一条不一样的道路。

》 霞姐有话说

孩子的教育是父母非常在意的事情，尤其现在教育竞争十分激烈，很多父母甚至会省吃俭用给孩子补课，但效果却往往不尽如人意。这可能就涉及到教育上的输入与输出的关系问题。以我的经验，给孩子多一些输出的机会，既有效又省钱，大家不妨试一下。

兴趣班是给孩子报的还是给家长报的？

现在的孩子都很忙，忙着奔波于五花八门的兴趣班。孩子真的有这么多兴趣吗？本来没有兴趣，上了兴趣班就会有兴趣吗？

在孩子的教育问题上，许多父母秉持着"不能让孩子输在起跑线上"的观念。这句被无数父母信奉的话，如同一个紧箍咒，让家长们在孩子的成长道路上充满焦虑。兴趣班的出现本是一个不错的教育途径，但很多父母却操之过急，不断地将孩子的起跑线往前拉，忽略了孩子自身的感受。

我的一位朋友，孩子刚满 4 岁，她便迫不及待地给孩子报了各种兴趣班：古筝、英语、围棋、舞蹈、珠算、画画、书法，一共 7 种。当我询问她为何报这么多时，她回答道："孩子这么小无所谓喜不喜欢，兴趣是可以培养的。只要对孩子好，不喜欢的我可以想办法让她喜欢。至于为什么学这么多，这都是有原因的。首先，优秀的女子，应该是琴棋书画样样精通；其次，现在社会越来越国际化，英语学习一定是必不可少的；另外，女孩子的身材、气质也很重要，舞蹈课一个星期也是要上一两次的。"然而，结果却是孩子刚从幼儿园放学就被这位"负责任"的妈妈送去上古筝、英语、围棋等兴趣班。妈妈自己的生活也被完全占据，每天除了上班就是去接送孩子。

儿童发展心理学家认为，每个孩子都有自己独特的天赋和兴趣爱好，并不是所有的知识都值得学、必须学。一种技能对一个孩子来说可能是"隐形的翅膀"，助其展翅高飞，而对另一个孩子来说可能就是沉重的负担，如同垃圾一般。就像电影《心灵奇旅》中的一句台词："把寻常的人生过好才是最不寻常的事。"如果孩子学不好，或是没有兴趣学，早些放弃或许是更好的选择。兴趣班的关键始终在于兴趣，只有孩子真正感兴趣的才是有用的，否则只是做无用功。

我的儿子在 10 岁的时候学过 3 次钢琴。在第 4 次上课的时候，他表示不想继续学了。而此时，钢琴已经为他买好了，而且是一万元左右的钢琴（在当时，这笔开支对我们来说是一个不小的数字）。虽然觉得可惜，但我们还是果断地决定放弃。现在看来，真的要感谢那次放弃，使孩子的童年不必背负太多的重压。之后整个成长过程中，我们都没有要求他学不喜欢的东西。他自己有兴趣就多学，这样使他能有较多的时间做自己喜欢的事情，像篮球、足球、各类游戏等，他都玩得比较好，也因此形成了他独特的学习能力和个性。我们为他自豪。

有些家长认为，孩子小时候吃苦，等到学好才艺挣了钱之后再享福。但也有可能，孩子苦了一辈子，已经体验不出什么是福了。在孩子的成长中，我们应该尊重他们的兴趣爱好，让他们在快乐中学习和成长，而不是盲目地给他们报各种兴趣班，增加他们的负担。

>> 霞姐有话说

　　虽说"艺多不压身"，但无论是琴棋书画等艺术项目，还是跑跳游骑等体育项目，要想学得好，都离不开一个"练"字。这既需要孩子有天赋，也需要孩子有毅力，要付出时间、精力甚至伴随伤痛。有天赋有兴趣才能更好地坚持下去，否则很可能事倍功半，还给孩子留下痛苦的童年记忆。

　　记住，兴趣班是给孩子报的，不是给大人报的。

孩子沉迷游戏怎么办？

身边的很多朋友都为孩子玩游戏的事发愁，因此影响了亲子关系，甚至起了严重的冲突。孩子玩游戏要不要管？怎么管？

曾看到一则新闻，说如今网虫的年龄愈发低龄化，六、七岁的小学生竟也有网瘾。如何让孩子戒除网瘾成了近年来的社会热门话题。

一项调查显示，目前网游、手游玩家低龄化现象严重。有数据表明，在众多游戏玩家中，小学生玩家的比例逐年上升。根据《第 5 次全国未成年人互联网使用情况调查报告》显示，2022 年，我国未成年网民规模为 1.93 亿人，未成年人互联网普及率为 97.2%，未成年网民中常在网上玩游戏的比例达到 67.8%。越来越多的孩子沉迷于网络游戏和手机游戏中，这不仅影响了他们的学习和生活，也给家长和社会带来了极大的困扰。

现在的孩子喜欢玩游戏与我国的国情息息相关。独生子女们的父母出于安全考量，一般不允许孩子离家玩耍，只能待在家里，没有玩伴。而父母又忙于事业，无暇与孩子交流、玩耍。于是，孩子的生活变成了上课、下课、写作业的重复循环，犹如工人在流水线作业般枯燥无聊。这样的生活，大人都难以长期忍受，更何况活泼好动的孩子呢？由于家长们的童年物质匮乏，他们觉得现在的孩子饭来张口、衣来伸手，已经十分幸福，然而，其中的苦恼只有孩子自己知晓。

我家孩子上小学时特别热衷于玩电脑游戏，每天要玩好几个小时。我试着叫他少玩点，他却根本不听劝。王庆国认为光劝说没用，既然孩子喜欢玩，那就索性让他玩个高级的。于是，他买了很多知识性的游戏，还特意挑选英文版的。结果，孩子的知识面和英语水平都大大提高了。每当通关或取得高分后，孩子都会兴奋地跑来拉着我们看。就这样，孩子在玩的同时也一直伴随着学习。

进入初中后，学习压力增大，如果再这样玩电脑游戏，儿子的功课恐怕会受影响，我和王庆国又开始发愁了。

一天，我们看电视时发现偶像剧很多。我们灵机一动，想着能不能给儿子来个"偶像制造"。

于是，从孩子初二开学起，深圳中学的数学老师尚强经常会打电话找孩子。因为尚老师的学生曾获得国际数学奥林匹克竞赛金牌，孩子对尚强老师十分崇拜。王庆国便在这上面动起了心思，特意请尚老师来当儿子的"偶像"。

每天电话一来，孩子总是兴奋地跑过去接。无论尚老师说什么，他总是连连点头。放下电话，这个激动的"小粉丝"马上就跑去做数学题，他认为这是向"偶像"致敬的最好方式。就这样，随着尚老师的电话不断打来，孩子对数学的兴趣越来越大。以至于后来进入中山大学数学系，孩子的"追星"习惯仍然没有改变。从知名教授到学有所长的同学，都成了他成长路上的良师益友。

此时，孩子已经很少再玩电脑游戏了。也许是因为生活丰富了，要做的、喜欢做的事情越来越多，他已经无暇考虑玩电脑游戏这件事了。有一次，他从中山大学回家，我让他到书房玩一会儿游戏，他居然说："玩电脑游戏？幼稚！"我轻轻一笑，原来网瘾也不是那么可怕。我庆幸在他的少年时代，没有严厉斥责他。

当孩子沉溺于某件事情难以自拔时，最好的方法是找一件更有意思的事情来吸引他，转移他的兴奋点。如何想办法让孩子的生活丰富起来，是家长考虑的问题。像体育活动、有趣的集体活动、养小动物、旅行等，都是转移孩子网瘾的很好方法。

另外，对于孩子的叛逆，家长也不用太着急。因为孩子都有叛逆期，这是一个阶段的共性问题，父母只要加以正确引导，孩子就会很快度过叛逆期而走向成熟。

如果孩子沉迷游戏，家长们可以试试"再玩5分钟"方法：当孩子醉心于一种游戏玩兴正浓时，若你要孩子立刻停止，他自然会以哭闹来表示反抗。在这种情况下，与其强制，不如说"好吧，再玩5分钟，我们必须停止了"。这样，孩子往往会响应。

"再玩5分钟"是对孩子结束游戏的一种提示，可以给他一个缓冲，是对他们放弃游戏的一种安慰。"再玩5分钟"是一句很管用的话，让孩子回到游戏，同时有了时间的限制。

但是运用的时候要注意技巧，特别是第一次用。有些孩子会耍赖，当他玩完5分钟后会要求再玩一会儿，这时家长切记不要答应，就算孩子哭闹也不能妥协。还可以告诉他，已经多玩一会儿了，以后还可以再玩，让孩子知道，没有条件可讲。

几次之后，孩子就能够在规则中学会自律。把游戏仅仅作为消遣，而不会沉迷其中，耽误学业影响健康。

>> 霞姐有话说

当今世界已经进入了与 AI 共存的时代，游戏已经成为一个不容忽视的产业，完全禁止孩子玩游戏并不现实，也没有必要。

作为家长，可以帮孩子筛选优质的游戏，比如《黑神话·悟空》这样高水准、文化和知识都很丰富的游戏。同时在玩的过程中，引导孩子在游戏中学会自律，学会劳逸结合。如此一来，无论孩子把游戏当爱好还是当职业，他们都会平衡得很好。

夸孩子有技巧，夸对了是赏识，夸错了是捧杀

老一辈都爱说"棍棒底下出孝子"。他们教育孩子经常都是严格的要求和严厉的批评，导致很多孩子终生都有童年阴影。独生子女政策后一家一个宝贝，人们又走向另一个极端，娇宠溺爱孩子。怎么样才能不矫枉过正呢？

斯坦福大学卡罗尔·德韦克教授曾做过一个名为"称赞方式与思维模式发展"的实验，最后发现：带有固定型思维模式（Fixed Mindset）的孩子，认为努力和困难让他们感到自己很蠢；而成长型思维模式（Growth Mindset）的孩子则认为努力和困难能创造新的神经元连接，能让大脑越来越聪明。

成长型思维模式能使孩子拥抱学习和成长，理解努力对智力成长的作用，并且拥有面对挫折的良好适应能力。最重要的是，它可以被教育和培养的。在这个过程中，父母的言语有着至关重要的影响。

陶行知先生有一句经典论述形象地说明了教育者的语言对

孩子的影响："你的教鞭下有瓦特，你的冷眼里有牛顿，你的讥笑中有爱迪生。"如果父母常在人前说孩子好，那么孩子长大后多半比较出色；相反，如果父母一直在人前说孩子太差，在这样的环境中长大的孩子，也多半难有卓越之处。

如果想给孩子一些建议，那么最好的方法便是多夸奖，即现在提倡的赏识教育。电影《放牛班的春天》中，马修老师用赏识与鼓励改变了一群问题少年的命运。这部经典影片完美地展示了赏识教育的力量，至今影响着很多教育工作者和父母。

我和先生既是教育工作者又是父母，无论是对学生还是对自己的孩子，我们都非常认可赏识教育的重要性。孩子小的时候也爱玩游戏，看到他玩游戏的时候，我们从不会批评指责、当头棒喝，而是带他玩，让他玩得好。所以在他不到 10 岁的时候，象棋、围棋、扑克（拖拉机）、电脑游戏，他样样都会玩。我们夸赞他学会了各种游戏，这是一种善于学习的表现。于是，对新事物，孩子总有热情去钻研、学习。

适当地游戏有益于开发智力。游戏玩得好，孩子对自己的信心就会增强。同时，玩游戏又关系到一个度的问题。每次玩游戏，我们都会有一个时间限制，在他的游戏时间，我们绝对不会去阻拦，但一到时间，就必须严格遵守约定。他照规矩遵守了，我们会及时表扬他的诚信。长期规范下来，因为孩子自己玩游戏的时候不会被阻拦，所以当我们大人打牌、下棋的时候，他总是静静地在一边看从不捣乱。他在其中学会了自律，知道喜欢做的事情可以做，只要有分寸、有度就可以。

赏识教育是很好的教育方法，但也要得体地表达。表达正确，孩子就会从中获取更多的力量，有助于提升自信。常常听到很多父母表扬孩子就是那几句话：你很不错啊！你很棒啊！真聪明啊！长大以后肯定很有出息！这样的赏识其实是很模糊笼统的。初期小孩会觉得很兴奋，长期反复单调地夸奖，就成为"同一首歌"，千篇一律，作用就会削弱，甚至消失。

夸奖孩子需要我们真正了解孩子的努力与进步，要有针对性地、具体地夸奖，才会起到点石成金的作用。有个朋友的方法挺好的，她说，儿子贝贝小时候开始写字很不好看，怎么办呢？天天批评指责也不会让他的字好看起来，还是要从中发现进步，进行鼓励。有一次，贝贝写的字中有一行看起来比其他的要好，她马上抓住机会告诉他今天的字有非常大的进步，尤其是那一行字特别醒目。贝贝听了很高兴，觉得自己真的有进步了。以后她常常用这种"骨头中挑鸡蛋"的方法表扬贝贝的字。慢慢地，贝贝的字真的产生了质的飞跃，老师都表扬他。朋友心中暗暗窃喜，没有这一次一次的夸奖，哪会有这样的进步啊！

每个小孩都会想做一个好孩子。夸奖的神奇作用就是不管什么样的孩子，只要是真诚的、真实的夸奖，他都会努力朝着夸奖的方向走去。从小到大，孩子的每一次努力，我们都会送上来自父母最真诚的祝福和夸奖。夸赞使他始终朝着正确的方向走，形成了自己的规范，有了自己的一套学习方法。

孩子9岁的时候，一天晚上，他已经上床了，我帮他盖被子，跟他说晚安，他说："妈妈，我要过5分钟才睡，我要把白天老师讲的东西回想一遍。"他小小年纪就能有一套自己的学习方法了。对他来说，学习可以无处不在，等人、等车、等家长买菜的时候，他都会拿出书来看一会，看到东西他都会想一下这个东西用英文怎么表达。

孩子进入深圳中学以后，很喜欢这所学校，总是对我们说他以深中为荣。我们也就会乘势说："你以深中为荣，深中也希望以你为骄傲！"当时，孩子虽然嘴上没有回答，但是我们可以看出他心里在暗暗使劲。也许就是因为这股劲，20岁的孩子才能够得到全额奖学金到世界排名顶尖的美国斯坦福大学攻读计算数学博士。这和我们不断夸赞他的教育方法有着不可分割的因果关系。

有些家长和老师好像天生就是孩子自信心和学习兴趣的杀手。有的老师经常这样对待学生："你做错了事，罚写生词20遍。"这样给学生的心理暗示是——学习是一件苦差事。久而久之，学生一定会厌恶学习的。如果老师说："你干得不错，奖励你看书10分钟。"同样是学习，效果却天壤之别。

孩子的信心来自哪里？是否吃不愁、穿不忧就能让孩子健康成长？答案不言自明——孩子的信心来自别人的赞赏。士为知己者用，孩子亦如此。如有可能，亲爱的父母、师长们，请不要吝啬对孩子的夸赞。

>> 霞姐有话说

马克·吐温曾说："一句真诚的赞美就能让我多活两个月。"赞美对人起的正面作用是无疑的。大人尚且希望听到鼓励的话，何况是孩子。只要夸得适当，夸得科学，你就能夸出一个优秀的孩子。父母们，不要吝啬你们的赞美，好孩子夸不坏。

"偶像"的失而复得，让亲子关系重回正轨

孩子小的时候，都觉得父母是无所不能的，是完美的。然而总会有一天，因为一些小事，父母的完美形象突然崩塌。这时候如果我们放手不管，就很难在孩子心目中收回失地了。

在亲子关系中，父母的权威至关重要。然而，这种权威并非一成不变，有时可能会因一些意外事件而受到挑战。正如苏霍姆林斯基所说："父母是孩子的第一任老师，他们的言行举止对孩子的成长有着深远的影响。"

夫妻之间，尤其不应在孩子面前数落对方，说自己的另一半不行。有时候，大人可能只是开玩笑，但小孩子却容易当真。我们有时会问儿子更爱爸爸还是更爱妈妈，儿子总是回答"最爱爸爸、妈妈，最爱妈妈、爸爸"，一个也不得罪。这时候王庆国不乐意了，他希望儿子多爱他一点，于是找机会贬低我。比如，我们一家三口在讨论问题的时候，王庆国经常会开玩笑说妈妈这个不行那个不行，儿子听了便信以为真，对我的话都将

信将疑。

有一个突发事件，让儿子更加瞧不起我。一天，在麦当劳排队买午餐，人多拥挤，我不小心碰到了排在我前面的一个女人，她回头便破口大骂。如果是平时，我会说声对不起，但是那天心情烦闷，忍不住推了她一下，这次是有意的了。那个女人更加愤怒了。更难堪的是，那个女人选好座位放好东西之后，直接来到我的面前找我打架。幸亏有保安立刻拉开了她，才算平息。当着儿子的面和人家打架，我觉得无地自容。儿子目睹了这一切，果然认为妈妈跟人家打架非常丢面子，从此他疏远了我。我说话，他爱听不听的。

比如我说："儿子，你别瞧不起我，人家都说我是才女哦。"儿子就回答："会弹钢琴的是淑女，长得好看的是靓女，什么都不行的只好叫才女了。"我说："我是工程师。"儿子就说："如果你是工程师，我就是地球球长。"虽然是调侃，但我感到孩子开始蔑视我了。怎么办呢？我要重树威信。我的信条是"方法总比问题多"。我从三方面入手。

其一，隔三岔五请一些好友到家里聚会，事先说好，吃饭时的主要任务是夸我。俗话说，吃了人家的嘴软，他们不辱使命，夸得恰到好处，从长相、为家庭的付出、工作能力，到为人处世，统统都是说好听的，而且有理有据。这就如同电影《阿甘正传》中阿甘的母亲，她用自己的智慧和行动为阿甘创造了一个积极的成长环境。

其二，我严肃地对先生讲，在孩子面前，请给我尊重，不要直接说我的不是，有什么看法，我们私下沟通，否则，我很难教育孩子。

其三，我自己也处处注意自己的言行，让孩子觉得我行。渐渐地，家里又其乐融融了。

我知道自己是有缺点的人。我觉得任何人只要想改正，努力去做就能做好。权威靠平时的积累，父母除了做好自己以外，孩子周围的舆论环境同样很重要。如果缺乏这样的环境，父母可以用点"计谋"来实现。

>> 霞姐有话说

孩子成长的过程中，偶像的力量是强大的。如果父母本身就很优秀，在工作、学习、生活上处处严格要求自己，那父母就是孩子的偶像。如果这个偶像突然让孩子失望，那么就赶紧想方设法"收复失地"，重塑权威。做个让孩子信服的父母，在教育孩子的过程中，才能更加游刃有余。

输得起的孩子走得远

一直以来，有个很普遍的现象。很多从小非常优秀的孩子，在一路拼搏考上好大学后，却在高手云集的环境里患得患失，做事畏首畏尾，丧失了斗志，整日郁郁寡欢，毕业后得过且过。为什么会这样？

在孩子的成长过程中，挫折与成功交织。如何面对挫折往往决定了他们未来的高度。英国哲学家培根曾说："奇迹多是在厄运中出现的。"儿子的成长之路并非一帆风顺，也有挫折和遗憾的时候。

2001 年，儿子高考。由于发挥失利，他与一直钟情的北京大学失之交臂。那一刻，作为父母的我们内心充满了焦虑与担忧。我和王庆国商量着是否该破例一次为孩子上学的事去求求人呢？毕竟孩子有全国数学竞赛一等奖，如果能加分的话，就可以达到北大的分数线。

然而，儿子得知了我们的想法后义正词严地说道："如果你们去找人，就算找到了我也不去上。考砸了就应该自己承担后果，如果因为我而把另一个人挤掉，就算去了北大，我心里也会不安的。"那一刻，我为儿子感到无比骄傲，心中百感交集，禁不住流下了眼泪。

从教育学的角度来看，孩子在面对挫折时所展现出的担当和勇气是其成长过程中的宝贵财富。这种品质的培养，需要父母在日常生活中给予正确的引导和鼓励。

幸运的是，作为一流大学的中山大学，不计较儿子没有把它放到第一志愿，录取了他。中大的教师来自世界各地，儿子大一的时候，线性代数是用英语教学的，老师是来自美国的Mathsen教授。对于大一的学生来说，用英语学习数学难度可想而知。然而，儿子却如鱼得水，英语和数学是他的强项，他成了教授的助教。每次教授答疑的时候，儿子总是坐在旁边和教授一起回答同学的问题。有时候，围在儿子身边的同学比围在教授旁边的人还要多。一年下来，儿子不仅学到了知识，还学到了怎样教别人、怎样帮助别人，同时也深得教授的喜爱。在儿子申请去美国攻读博士的时候，Mathsen教授给美国的10所大学分别写了推荐信，将一位老师对学生的最高评价毫无保留地给了他。

儿子在中山大学的四年是忙碌而快乐的，他每年都要出国参加各类比赛。2003年，儿子赴美国参加世界大学生电脑编程比赛。当比赛选手走进好莱坞的希尔顿酒店的时候，他们受到了英雄式的欢迎，全场人行注目礼，人们对知识的尊重让所有的参赛者都为之感动。这一场景让人不禁想起电影《三傻大闹宝莱坞》中的台词："追求卓越，成功就会在不经意间追上你。"

2005年，20岁的儿子中大毕业后赴美国斯坦福大学攻读计算数学博士。高考失利的阴影一扫而光。

2004年感恩节那天，我发了一条短信给正在中大念大四的儿子，内容如下：

Thank you for making us know what love is.

Thank you for letting us understand the feeling of worry, care and expectation.

Thank you for being our son.

（感谢你使我们知道什么是爱；感谢你使我们明白什么是牵挂、关心和期待；感谢你做了我们的儿子。）

儿子给我们的回复如下：

Thank you for bringing me to this world. Thank you for bringing me up for 20 years.

Thank you for teaching me right from wrong. Thank you for all that you have done for me.

（感谢你们将我带到这个世界；感谢你们20年的抚养；感谢你们教我分辨是非；感谢你们为我所做的一切。）

儿子的成长经历告诉我们，人生路上的挫折并不可怕，关键是要有勇气去面对，要有输得起的心态。只有这样，才能在挫折中不断成长，走向成功的彼岸。

》 霞姐有话说

任何人都不可能一直赢。一个人只有输得起，以平和的心态看待挫折，才能重新整装出发，在逆境中坚守，在挫折中成长，方能成就更强大的自己。

放下家长的权威，培养自信的孩子

怎么样才能让孩子更自信？什么样的家庭更容易培养出自信的孩子？

在亲子关系的构建中，有许多经典理论都强调了平等、尊重与共同成长的重要性。著名心理学家埃里克森的"人格发展理论"指出，儿童在成长过程中需要获得自主感和信任感，而这很大程度上来源于父母给予的尊重与支持。

"推动世界的手是摇摇篮的手。"这句话深刻地揭示了父母在孩子成长中的关键作用。父母的教育方式和亲子关系对孩子的一生有着深远的影响。

2005年，儿子20岁出头便只身赴美国斯坦福大学攻读博士，并获得全额奖学金。世界排名前列的大学愿意"倒贴钱"让他读书，作为母亲，我深知其中的奥妙。

我们作为父母从不把儿子当成小孩，而是给予他充分的尊重。对他的每一点进步、每一点成绩，我们都表现出极大的兴趣，并热情地赞美。在这样的互动中，儿子也学会了尊重我们，与我们平等相待。

　　儿子小时候，我们常常把晚饭桌变成学习交流会进行平等的交流。为了让每天晚饭桌上都有新的话题，我们经常阅读一些科普方面的书籍。《科学的历程》中有很多有趣的科学发明故事，比如"空气中有细菌"中的一个科学实验就很有意思："科学家将两杯牛奶同时烧开消毒，然后将其中一瓶密封，另一瓶敞开放在空气中。科学家发现密封的那瓶牛奶好几天都没有变质，而敞开在空气中的那瓶牛奶很快就坏了。这说明空气中有细菌。"我给孩子讲了这个实验之后，过了一段时间，我想重讲一遍，却忘记了科学家是用什么做的试验，便随口说："科学家用两只苹果……"孩子立刻更正说："妈妈，科学家用的是两杯牛奶。"然后我就说："宝宝给我们讲一下这个故事吧。"他便高兴地把故事讲一遍。这不仅让他巩固了知识，还锻炼了口才。

　　"教育孩子的全部奥秘在于相信孩子和解放孩子。"正如陶行知先生所言，我们要给予孩子充分的信任，让他们有机会展现自己的能力。那么，如何让孩子拥有自信呢？我们不妨思考一下，我们真的一定比孩子高明吗？在很多方面，我们的电脑知识不如他们，英语水平不如他们，环保意识亦不如他们，记忆力也不如他们。作为父母，要想孩子听你的话，首先要从心底尊重孩子，让孩子拥有和父母平等对话的权利。如此一来，父母自己的行为就能很容易地影响孩子的学习，从而达到相得益彰的效果。显然，父母若要让孩子茁壮成长，首先自己必须不断学习，才能引领孩子向优秀的方向前进。

年轻的父母们，你们准备好了吗？亲子关系并非一方对另一方的权威统治，而是需要我们放下大家长的架子，与孩子一起成长，共同探索这个丰富多彩的世界。正如教育家苏霍姆林斯基所说："每个瞬间，你看到孩子，也就看到了自己；你教育孩子，也就是教育自己，并检验自己的人格。"让我们与孩子携手共进，培养出自信、独立、优秀的下一代。

>> 霞姐有话说

大家看到了，培养自信的孩子其实很简单，那就是承认自己作为父母并不是万能的，我们也会犯错，也有很多不懂的事，也会需要孩子帮助。让孩子在帮助父母中找到成就感，建立自信心。在父母的尊重中，孩子会成长为让更多人尊重的人。

给儿子的一封信

亲爱的儿子：

　　一年前的今天，你独自一人离家前往美国。每每想起你，我们就满心喜悦。你带给我们太多的惊喜、太多的满足，让我们像生活在蜜糖里一样。我们有时候会感到愧对那些子女不成功的父母，好像我们抢了他们的幸福似的，嘻嘻。

　　记得你在中山大学的时候，我们让你申请住留学生宿舍被你拒绝。现在我把它当成一个教材，教育那些想单独住的学生：和同学们住一起，有几个室友，这样的友谊可能会持续一辈子；和同学们住一起，隔阂少，玩起来也方便。你当时虽然年纪小，可看问题比我们更长远。

　　在中山大学，你将"超越梦想"四个字放在自己的笔盒里，给自己加压，给自己激励。你一次次站在世界大学生编程比赛的领奖台上，我们认为你在中大的四年过得很不错。

　　斯坦福，为你打开了又一扇智慧的大门。现在你离开家门，去拥抱她了……

我们在努力拼搏，将来你不必为钱操心，可以去做自己最想做的事。

吻你，亲爱的儿子！

老爸、老妈

2006 年 9 月 18 日

把孩子当客户，我们获得了"最佳父母奖"

我们处处为了孩子好，孩子却不领情。到底怎么做才能让孩子满意？

在育儿的道路上，我们常常陷入困惑与迷茫，努力寻找着最适合的方式去引导孩子成长。父母们常常陷入委屈：我处处为了孩子好，孩子却不领情。到底怎么做才能让孩子满意？

在商业世界中，顾客就是上帝，这是无可辩驳的真理。我们常常戏谑地说："客户虐我千万遍，我待客户如初恋。"我们对客户能献上最大的耐心，为什么对孩子就不能呢？

孩子，这世间最纯真无邪的存在，当我们把视角转换到教育领域，把孩子当客户，以对待客户般的敬畏与珍视去对待他们，用心去洞察他们每一个细微的需求，每一丝情绪的波动，每一次好奇的探索。我们就会发现一切似乎变得豁然开朗。孩子的心灵如同未被开垦的肥沃土地，充满着无限的可能与潜力。

　　我们对孩子有各种各样的要求，期望他们能够好好学习，养成良好的品德和习惯。但与此同时，孩子对我们也有着自己的期待和诉求，他们也有心中理想的妈妈。就如同商家需满足客户对商品品质的苛求，我们也要满足孩子对知识的渴望，对爱与关怀的期盼。孩子的每一个疑问，每一次尝试，每一回犯错，都是他们向我们发出的"需求信号"。

　　在这个相互作用的关系中，我们不能只一味地输出要求，而忽略了倾听孩子内心的声音。就像在经营客户关系时，我们会常常去观察其他优秀的同行，学习他们如何对待客户，用什么表现赢得客户的心。在育儿过程中，我也会时常关注别的妈妈，看看她们哪里做得更好，然后从中汲取经验，不断改进自己的育儿方法。

　　为了检验自己的育儿成果，我常常会问孩子："如果你是大人，你认为我们现在的做法有哪些是需要改进的？"这个问题就像一把钥匙，打开了孩子的心扉，让他们勇敢地表达出自己的想法。

　　孩子给出的要求具体而真切。比如，他希望可以不参加大人的聚餐。对于孩子来说，大人的聚餐可能充满了无趣和拘束，他们更渴望在属于自己的世界里自由玩耍。再比如，孩子提出要健康饮食，少吃剩菜。这让我意识到，我们习以为常的一些饮食习惯，在孩子眼中可能是不健康的。还有，孩子希望父母和他交流的时候态度要和蔼，不乱发脾气。原来，我们不经意间的急躁情绪，已经在孩子的心里留下了痕迹。

通过不断接收孩子反馈的这些意见，我们调整了自己的行为方式。渐渐地，我们与孩子交流的效果越来越好，孩子也越来越容易接受我们给出的建议。

当我们真正尊重孩子的想法，给予他们充分的表达权利时，我们也赢得了孩子的尊重。这个"最佳父母"奖杯，就是最好的证明。那是孩子在洛杉矶参加世界大学生编程比赛获得二等奖后特意买来送给我们的礼物。这个奖杯，不仅仅是一份荣誉，更是孩子对我们育儿方式的认可，是他颁发给父母的最高奖项。

它让我明白，把孩子当客户，并非是降低对孩子的期望和要求，而是在平等和尊重的基础上建立起一种更加和谐、有效的沟通和教育模式。当我们用心去倾听孩子的需求，用爱去回应他们的期待，我们与孩子之间的关系就会变得更加亲密，育儿之路也会变得更加顺畅。

秉持这种"客户思维"，与孩子共同成长。我深知，孩子的成长只有一次，而我们作为父母，有责任也有义务为他们打造一个充满爱与尊重的环境，让他们能够茁壮成长，绽放出属于自己的光芒。

》 霞姐有话说

　　客户就是上帝。把孩子当客户，换算一下，孩子就是上帝。把孩子当客户，意味着我们要给予他们足够的尊重，尊重他们独特的想法，尊重他们自主的选择，尊重他们成长的节奏。因为，他们是我们生命中最珍贵的"上帝"，是未来的希望，是世界的明天。

第 六 章

家国情怀

从六朝古都南京到改革开放的前沿深圳

20世纪90年代的南京和深圳，是气质完全不同的两座城市。从历史上有名的六朝古都到风起云涌的年轻经济特区，年轻的我们选择了南下面对全新的人生挑战。

1988年，我们卖掉了南京的所有家产，带着3岁的儿子来到了深圳。

在那个年代，南京作为历史悠久的古都有着深厚的文化底蕴和独特的城市风貌，街道上还能看到一些古朴的建筑，人们的生活节奏相对较慢。大学毕业生工资是每个月54元，一般工人的平均工资也差不多这个数字，生活水平比上不足比下有余，大家工作和生活都较为稳定，一派岁月静好。

而同时期的深圳，正处于蓬勃发展的初期。在广州到深圳的中巴车上，几个老深圳人向我们介绍对深圳的感受时说："第一年你会恨它，第二年你会理解它，第三年就会爱上它。"

年轻的我们对深圳一见钟情。刚到深圳大学在食堂用餐，儿子指着邻桌的百事可乐说想要。孩子向来含蓄，在南京的时候，想吃冰糖葫芦而大人又没有买的意思时他便会说"我不想吃冰糖葫芦"，如何到了深圳就这般开放？

无奈我和他父亲均学理工科，对数字特别敏感，1元6角买一罐可乐，那是我们手中全部家产的1%，于是断然拒绝。过了一会儿，奇迹出现了。邻桌的那两位小伙子将一罐可乐送给了我们的儿子！深圳人真大方！平生第一次，儿子喝上了可乐。

深圳果然是个制造奇迹的地方。

这个刚来便受到深圳人关爱的孩子，1997年，在深圳中学96实验班读书的时候，夺得了全国华罗庚数学竞赛（中学组）金牌。这是深圳市在这项赛事上的第一块金牌，在当时可以说也是一个奇迹。

我的爱人王庆国已事先被深圳大学化学系录用，我的工作还没有着落。在南京的时候，我们可谓房无一间、地无一垄。而一到深圳，深圳大学便分给我们一个带卫生间和热水器的独立单元，连床和被子都借给我们，使我们一开始就过上了衣食无忧的生活。

当时的化学系副主任戴格生先生骑着单车帮我找工作，上级对下属的关心可谓无微不至。我们出去买东西遇到的也总是笑脸，也许那时候做生意钱好挣吧。深圳人真热情。

刚到深圳，我的第一份工作工资是月薪500元，而一般工人的工资是 50 元。丈夫的工资比我稍低，但他也觉得多得不得了，以至于第一次发工资的时候他跟领导说："我还没干什么，怎么拿这么多钱？"现在他是深圳市的政协委员、深圳大学的副院长。他的拓荒牛精神至今不改，寒暑假也很少休息。他总觉得深圳给予他的太多，他能回报的太少。

20 世纪 90 年代初，很多人往往身兼数职，上班、做生意、炒股票。我也不例外，白天上班，晚上还要陪丈夫去实验室。丈夫做实验，我便在边上翻译英文资料，用当时时髦的话说，叫"炒更"。挣来的钱就委托朋友买成股票。那时候买股票要去现场，不像现在打个电话就可以了。每天晚上走过美丽的校园，我总见到教学楼灯火通明，那些年轻的上班族利用晚上的时间在这里学习电脑、英语、文学和管理等课程。后来由于种种原因，大学的校门没有继续对社会青年开放，真让人遗憾。

回顾在南京和深圳的岁月，南京的沉稳与深圳的活力形成了鲜明的对比。南京像是一位沉稳的老者，见证着历史的变迁；深圳则如一个充满活力的青年，在改革开放的浪潮中奋力前行。我们很幸运能够在这个特殊的时代经历这两个城市的不同魅力，也感恩深圳给予我们的机遇和温暖。

这篇文章的原文发表在 2000 年 8 月 21 日的《深圳晚报》上。当时《深圳晚报》举办了一次"纪念深圳经济特区成立 20

周年·我的深圳我的家"征文活动，我投了稿。稿子被选中发表，我得到了100多元的稿费。平生第一次靠写文章挣到了钱，我非常高兴。先生和儿子读了报纸，对我刮目相看。

深圳就是这样一个让人相信自己无所不能、能够创造奇迹的城市。如今，深圳仍然在不断地创造奇迹。

来了就是深圳人，我们热爱深圳这个第二故乡。我们这些新老深圳人共同创造了深圳的奇迹。

>> 霞姐有话说

很庆幸我们年轻的时候赶上了中国经济飞速发展的时期，个人的努力拼搏与时代进步同频共振，让我们拥有了更好的生活，也锻炼了强大的能力。现在，我们愿意尽自己的能力回馈深圳、回馈社会。

能力越强，责任越大。我们想尽可能地为社会多做一些贡献。这是我和王庆国退而不休的动力所在。

深圳之"冷"与"暖"

有人说，深圳是一座没有人情味的城市，人们只知道搞钱，商业味太浓，人际关系冷漠，没有其他城市那么温暖。真的是这样吗？

在很多人的印象中，深圳是一座快节奏、充满竞争、崇尚丛林法则的现代化都市，商业发达但人情冷漠。高楼大厦林立，街道车水马龙，人们行色匆匆，一切都显得那么忙碌和功利。然而，当你真正走进这座城市，深入了解它的内核，你会发现，深圳其实有着别样的人情味。

初到深圳，你可能会被这里的快节奏所震撼。人们在地铁站里快速穿梭，在写字楼里忙碌工作，似乎没有时间停下脚步来寒暄交流。与一些传统的城市相比，这里没有那么多邻里间的家长里短，没有过多的人情世故需要去应对。在传统的社会中，人情往来常常让人疲惫不堪，各种红白喜事、聚会宴请都需要花费大量的时间和精力去筹备和参与。而在深圳，这种繁琐的人情往来相对较少。人们更加注重自己的生活和工作，不会被过多的人情所束缚。

这种看似冷漠的表象背后是一种让人轻松的生活方式。没有了复杂的人情关系，人们可以更加自由地支配自己的时间和精力。你也可以专注于自己的事业发展，追求自己的梦想，而不必担心因为拒绝人情往来而得罪他人。你也可以在周末选择独自一人去公园散步，享受宁静的时光，也可以约上三五好友去海边露营，放松心情。在这里，你可以做最真实的自己，不必为了迎合他人而勉强自己。

深圳一直以来都被称为"搞钱之都"。人们似乎只关心如何赚钱，如何实现自己的财富目标。然而，这种"搞钱"的表象背后，却蕴含着深圳人的上进和对美好生活的追求。在深圳，你会看到无数的年轻人为了自己的梦想而努力奋斗。他们白天在写字楼里忙碌工作，晚上还参加各种培训课程和学习活动，不断提升自己的能力和素质。他们不怕吃苦，不怕困难，只为了能够在这座城市实现自己的价值。

深圳人的上进不仅仅体现在对财富的追求上，还体现在他们对规则的尊重和遵守。在深圳，人们有着强烈的规则意识，无论是在交通出行、商业交易还是在社会生活中，大家都自觉遵守规则，维护良好的秩序。

深圳的交通罚款非常高，是很多城市交通罚款的数倍。这些高标准的罚款旨在通过经济手段强化驾驶人的守法意识，减少交通违法行为的发生，从而营造更安全、更畅通的道路交通环境。来深圳的朋友都会赞叹，这里的司机素质真高，不仅没有车闯红灯，而且路口司机都礼让行人。在节奏这么快的都市里非常难得。

这种规则意识不仅让城市的运行更加高效有序，也为人们的生活提供了保障。在一个规则明确的环境中，人们可以更加公平地竞争，更加安心地生活。正是因为深圳人的上进和规则意识，才使得这座城市充满了活力和创造力。

深圳的人情关系也相对简单。平时同事、朋友、同学聚餐或参加活动都会严格执行 AA 制，哪怕是自家亲戚也会"亲兄弟明算账"。用本地人的话说"AA 才能更长久"。这在一些传统的习俗中也有所体现，比如，在红白喜事方面，深圳的份子钱通常比较少，不会给人们带来沉重的经济负担。

在这里，人们更加注重心意的表达，而不是金钱的多少。红包文化也是深圳的一大特色。在深圳，红包金额通常比较小，无论是过年过节还是其他喜庆场合，红包更多的是一种祝福和心意的传递，而不是物质的攀比。

尤其值得一提的是，每年春节后开工，在很多地方都是员工给领导拜年送礼，而在深圳，每年节后开工的时候，老板会给员工发红包。每年马化腾在腾讯大厦派红包，领红包的员工排长队的情形都会上热搜。这不仅是一种传统习俗的延续，更是一种对员工的关爱和激励。

我每年开工也会给员工们派红包，金额从几十块到几百块不等。小小的红包让员工感受到了企业的温暖和关怀，也激发了他们的工作热情和积极性。

在深圳过年的时候，红包是见者有份，见到小区的孩子们、门口辛勤工作的保安、路上的环卫工人，我们都可以派个红包给他们，可能金额只有几块钱，但传送的是温暖和快乐，大家互道一声"恭喜发财"，开开心心开启新的一年。

在深圳，这种简单而温暖的人情关系，让人们在忙碌的生活中感受到了一丝温馨和幸福。

深圳的人情味还体现在很多方面。在这座城市里，你会看到志愿者们忙碌的身影，他们无私地奉献着自己的时间和精力，为需要帮助的人们提供各种服务。在街头巷尾，你会看到一些温馨的小店，店主们热情地招呼着每一位顾客，让人感受到家的温暖。在社区里，你会看到邻居们互相帮助、互相关心，共同营造一个和谐的生活环境。

深圳，这座看似冷漠的城市，它的人情味不是传统意义上的人情世故和繁琐的礼仪，而是一种简单、自由、上进和温暖的生活态度。在这里，人们摆脱了复杂的人情关系，追求着自己的梦想；在这里，人们遵守规则，努力上进，为城市的发展贡献着自己的力量；在这里，人们享受着简单而温暖的人情关系，感受着生活的美好。

让我们重新认识深圳，感受这座城市独特的人情味。它不仅是一座充满机遇和挑战的现代化都市，更是一座充满温暖和爱的城市。无论你是来自哪里，无论你从事什么职业，只要你来到深圳，就能在这里找到属于自己的"那个天空"。

>> 霞姐有话说

> 网络上有很多妖魔化深圳的言论，其实深圳这座城市非常温暖。看似人情冷漠，实则让人生活得更轻松，人们之间的关系也更纯粹。看似只知道搞钱，背后是人们上进、规则意识强的体现。我非常喜欢深圳，在这里才可以摆脱生活琐事的束缚，专心搞事业。

女性创业梦想的绽放之地

"莫斯科不相信眼泪"，深圳也一样。这里是创新创业的热土，只要勤奋拼搏就会得到回报。这里没有偏见，平台广阔，机会众多，对女性创业者非常友好。

1988 年，我来到深圳。那时我在深圳大学任教，之后开启了自己的创业之旅。在深圳大学做科研的 20 多年间，我一直有创业的想法。在我眼中，深圳是一个充满机遇、能够让有想法和有能力的人实现创业理想的地方。深圳的开放环境、活跃的经济氛围以及对创新的包容，为我的创业提供了土壤和机会。

记得在一次媒体采访中，我提到："深圳就像是一个巨大的能量场，吸引着无数怀揣梦想的人。在这里，只要你有勇气去尝试，就有机会实现自己的价值。"我将自己的科研成果转化为商业产品，从最早的"深大玉妹"到后来的"诗碧曼"，不断发展壮大。深圳的市场环境和创业生态对我的事业发展起到了重要的推动作用。

高校的科研经历让我深知科研落地转化为产业的重要性，而深圳这座城市的创新精神与我的理念非常契合。在深圳，创新能够得到充分的支持和鼓励，这里汇聚了大量的创新人才和资源，为企业的技术研发和产品创新提供了良好的条件。

在一次演讲中，我说道："深圳是一个鼓励创新的城市，这里有着浓厚的创新氛围。我们的企业也在不断地创新，以专业先进的科学技术和实事求是的科研精神为宗旨，只有持续研发效果更好的产品，才能够获得消费者的信赖。"以"深大玉妹"和"诗碧曼"为例，我们不断投入研发，力求在产品上做到精益求精。这也反映出我对深圳创新环境的认可和有效利用。

深圳的创业环境对女性也很友好，我不仅自己取得了成功，也为其他女性创业者树立了榜样。新时代女性的经济地位和消费能力随着国民经济发展不断提升，"她经济"市场蓬勃发展。在深圳这样的城市，女性有更多的机会和空间去展现自己的能力，实现自己的价值。

我曾多次在女性创业论坛上分享："深圳为女性提供了广阔的舞台，让我们能够勇敢地追求自己的梦想。在这里，女性创业者可以得到很多支持和帮助，比如：资金补贴、创业担保贷款、创业孵化服务、专项活动与培训等，政府开展了很多针对女性创业者的培训、交流等活动，帮助我们提升能力、拓展资源。有政府的帮助和政策保障，我们要抓住机遇，努力拼搏。"

我积极支持女性创业，担任深圳女性创业公益促进行动特约创业导师，为更多的女性创业者提供帮助和指导。

从我和我身边的创业伙伴不断学习、积极参与各种活动的行为可以看出，深圳的活力也感染着我们。深圳是一个年轻的、充满活力的城市，人们积极向上、追求进步。这种氛围让我始终保持着年轻的心态和积极的创业激情。

我经常感慨"深圳的活力无处不在，它激励着我们不断前进"。我不断突破自我，尝试新的事物，如参与直播带货、在网络平台分享知识等，这与深圳的城市特质是分不开的。深圳这座城市充满希望，让我对未来充满信心。

>> 霞姐有话说

在我的眼里，深圳是创业的热土、创新的高地，这里有民主高效的服务型政府，有规则透明的市场经济和产业链齐全的产业集群，更有很多像我们一样乐观向上、积极进取的深圳创业者。

如果你想创业，在这里更容易开始。

让 "Made in China" 闪耀世界

曾经，同样功能的产品，"Made in Japan" 价格高昂还被抢购一空，"Made in China" 价格亲民却无人问津。造成这种局面有多种原因，但作为中国的企业家，我们就是要扭转这种局面，让 "Made in China" 扬眉吐气。

曾经，日货在国内十分流行。那时候，很多人不远万里去日本背电饭煲、抢马桶盖，妈妈们纷纷奔赴日本购买日本奶粉和纸尿裤，爱美的女士们更是在日本商场将美妆产品扫荡一空。看着这样的场景，我心里很不是滋味。那时，我研发出 "诗碧曼" 的产品，正处于艰难的推广阶段。产品质量过硬，口碑也好，但市场很难推广。有懂营销的朋友劝我："把公司注册到日本，打上 'Made in Japan' 的标签，产品马上就火了，销量能翻很多倍。"

然而，我毫不犹豫地拒绝了这个建议。因为我知道，我的产品是我用心研发出来的，是地地道道的 "Made in China"。它的品质和效果是经得起考验的。"诗碧曼" 产品的第一个试用者永远是我自己，只有我自己使用过，确定有效果、无任何副作用后，我才敢推荐别人使用。只有普遍好用后，我才会正式推向市场。对顾客负责、对产品负责，这是我做人做事的宗旨。

在最初的几年，"诗碧曼"的推广确实十分艰难。彼时的国潮风尚未崛起，很多消费者一看到国产品牌就望而却步。不少人劝我将"诗碧曼"包装成国际品牌以便推广，但我的回答始终是坚定的"不"。我坚信，我可以靠这个真实有效的国产品牌征服全球市场，帮助所有寻路无门的消费者。我要让全世界尊重"Made in China"。

"方便使用""普通人用得起""安全到可以吃"这三点成为"诗碧曼"产品研发升级的准则。我一直认为，一个好的产品，不应该只是为了追求利润而存在，更应该为消费者带来真正的价值。"诗碧曼"的每一款产品都是我和我的团队经过无数次的试验和改进才推出的。我们致力于让每一个消费者都能享受到高品质的养发产品，让他们在使用"诗碧曼"的过程中感受到我们的用心和诚意。

在经营"诗碧曼"的过程中，我的理念一直跟研发产品时的初衷一样，就是让企业、顾客、经销商等身处当中的角色都能够实现共赢。说白了，就是让选择"诗碧曼"的人能从中受益。我是真正地在为每一个"诗碧曼"人考虑。我知道，只有大家都能得到益处，我们的品牌才能长久地发展下去。

如今，国货崛起的势头越来越猛。比如"华为"，凭借着强大的技术实力和创新能力，在全球通信领域占据了重要地位。"华为"的 5G 技术更是引领了世界潮流，让中国在通信技术方面实现了弯道超车。还有"小米"，以高性价比的产品和优质的用户体验赢得了全球消费者的喜爱。"小米"的生态链产品涵盖了生活的各个方面，为消费者带来了极大的便利。

国货美妆品牌也在迅速崛起。像"花西子"，以东方美学为特色，推出了一系列精美的彩妆产品。"花西子"的包装设计独具匠心，产品质量也备受好评。还有"完美日记"，通过线上线下相结合的营销方式迅速打开了市场。"完美日记"的产品种类丰富，价格亲民，深受年轻消费者的喜爱。最近，"完美日记"母公司和中山大学建立的联合实验室参与发表的两篇相关学术论文，它们相继登上《自然医学》（*Nature Medicine*）与《科学通报》（*Science Bulletin*）两大权威期刊，实现了国产美妆品牌的科技新突破。

这些国货品牌的崛起，让我看到了国产品牌的希望和未来。它们用实际行动证明了国货并不比外国品牌差。我们应该为我们的国货感到骄傲和自豪，积极支持国货的发展。

随着产品口碑的积累,"诗碧曼"的门店数量仍然在持续不断地增长。这让我感到无比欣慰,也让我更加坚定了自己的信念。无论是产品研发还是企业经营,始终坚守自我比单纯拥有资深技术更为难能可贵。我不会为了一时的利益而放弃自己的原则,我要让"诗碧曼"成为一个真正的国货品牌,让它在世界的舞台上绽放光彩。

回想起那些曾经劝我将"诗碧曼"包装成国际品牌的声音,我不禁感到庆幸,庆幸自己没有被利益冲昏头脑,没有随波逐流地去追求所谓的"国际品牌"。我知道,一个国家的强大离不开本土品牌的崛起。我们不能总是盲目地崇拜外国品牌而忽视了我们自己的国货。只有当我们真正支持国货,让国货不断发展壮大,我们的国家才能更加繁荣昌盛。

在这个全球化的时代,我们不能一味地拒绝外国产品,但也不能忘记我们自己的国货。我们应该以开放的心态去接纳世界各国的优秀产品,同时也要为我们的国货加油助威。生产者和消费者一起努力,才能让国货成为我们的骄傲,让"Made in China"成为世界上最响亮的品牌。

我相信,只要继续坚持下去,不断努力,国货一定能够崛起。"诗碧曼"也将继续秉承着对顾客负责、对产品负责的宗旨,为消费者带来更多更好的养发产品。我们一起为国货的未来而奋斗,让世界看到中国品牌的力量。

　　好的商品是没有国界的，可以走向世界上不同的国家、不同的角落，供不同国家、不同民族、不同种族的人使用。但企业家是有国籍的，我永远都是一颗中国心，我要研发出走遍世界的无国界产品，让全世界的消费者都尊重"Made in China"。

成为国礼品牌，"诗碧曼"大踏步走向世界

2023 年，"诗碧曼"入选由上海合作组织元首峰会单位和"一带一路"丝路文化之旅组委会共同发起的"一带一路十周年·国礼品牌"。"诗碧曼"作为国礼品牌在全世界遍地开花，让世界人民更美、更健康。

"诗碧曼"这个以传统中医药理论为根基，结合现代科技萃取工艺精心打造的品牌，正以稳健的步伐大踏步地走向世界舞台。每当回想起"诗碧曼"在海外拓展的历程，心中总是充满感慨与自豪。

在海外拓展方面，"诗碧曼"取得的成就令人瞩目。首先，从市场布局来看，我们已经成功地将"诗碧曼"的旗帜插在了美国、俄罗斯、新加坡、加拿大、澳大利亚、意大利、韩国、日本、印度尼西亚等数十个海外国家和地区。这些地方的消费者对于养发、护肤产品有着不同程度的需求，而"诗碧曼"的出现，恰如一场及时雨，为他们提供了全新

且优质的服务。

我们积极挖掘海外优质代理，这个过程就像是在寻找一颗颗璀璨的明珠。而那些当地的精英人士，他们纷纷被"诗碧曼"的魅力所吸引，加入到我们的大家庭中来。令人惊喜的是，其中95％以上的加盟商都是由顾客转化而来。他们来自不同的领域，有的是世界500强企业的高管，拥有卓越的商业眼光和管理才能；有的是学者，以其深厚的学术素养和严谨的思维方式，对"诗碧曼"的产品进行深入的分析后认可；还有医生、官员等各领域的高端人才，他们在亲身体验了"诗碧曼"产品的效果后毅然决定成为"诗碧曼"的经营者。他们的加入为"诗碧曼"在海外的发展注入了强大的动力和活力。

在品牌推广方面，"诗碧曼"更是不遗余力。2023年，中国品牌节第十六届女性论坛"企业国际化论坛"成为"诗碧曼"品牌推广的一个重要里程碑。它为"诗碧曼"海外市场的拓展打开了一扇新的大门，提供了更多的资源和机会。

2023年，"诗碧曼"入选由上海合作组织元首峰会单位和"一带一路"丝路文化之旅组委会共同发起的"一带一路十周年·国礼品牌"。这个荣誉，如同夜空中最闪亮的星星，照亮了"诗碧曼"走向世界的道路。这不仅是对"诗碧曼"产品品质的高度认可，更是对我们多年来的努力和坚持的最好回报。作为国礼品牌，"诗碧曼"肩负着更大的责任和使命。我们要以更高的标准要求自己，不断提升产品质量和服务水平，为国家的对外交流与合作贡献自己的力量。

在产品方面，"诗碧曼"始终坚持以传统中医药理论为基础，深入挖掘中华传统文化的瑰宝。中医药历经千年的传承和发展，积累了丰富的经验和智慧。我们将这些宝贵的财富与现代科技萃取工艺相结合，研发出了一系列养发、护肤产品。这些产品富含多种营养成分，能够深入滋养头皮和肌肤，为消费者提供更加健康、有效的护理方案。

"诗碧曼"的产品有效性和独特性，在海外市场上具有强大的竞争力。我们的研发团队不断探索创新，致力于为消费者带来更多的惊喜和满足。同时，我们严格把控产品质量，确保每一个产品都符合国际标准。总部深圳市诗碧曼科技有限公司在2019年通过了美国市场食品药品监督管理局（FDA）、食品安全与应用营养中心（CFSAN）和动态药品生产管理规范（cGMP）的认证以及欧盟市场 ISO22716. cGMP 的认证，这为我们的产品进入海外市场提供了坚实的质量保障。海外消费者对"诗碧曼"的信任，正是建立在我们对产品质量的严格要求和不懈追求之上。

展望未来，"诗碧曼"的发展前景一片光明。我们将继续积极推进海外拓展战略，不断扩大市场份额。一方面，我们将加强与海外代理商的合作，共同开拓新的市场领域。通过提供更加优质的产品和服务，满足不同国家和地区消费者的需求。另一方面，我们将加大品牌推广力度，积极参与国际各类展会和活动，提高"诗碧曼"的国际知名度和美誉度。

同时，我们将持续投入研发，不断推出新的产品。随着科技的不断进步，消费者对养发、护肤产品的要求也在不断提高。我们要紧跟时代的步伐，结合最新的科技成果，研发出更加高效、安全、环保的产品。此外，我们还将注重文化交流，将中华优秀传统文化与现代时尚元素相结合，打造具有中国特色的国际品牌。通过文化的传播，让更多的海外消费者认识"诗碧曼"、了解中国。

在这个全球化的时代，"诗碧曼"作为国礼品牌将肩负起更大的使命。我们要以更加开放的心态，积极融入国际市场，与世界各国的品牌进行交流与合作。学习他们的先进经验和技术，不断提升自己的实力和竞争力。在将产品带到世界各地的同时，我们也要将中国的优秀文化和品牌理念传播到世界各地，为推动全球经济的发展和文化的交流做出贡献。

我相信，在全体"诗碧曼"人的共同努力下，在国家政策的支持和社会各界的关注下，"诗碧曼"一定能够成为国际知名品牌，为全球消费者带来更多的美丽和健康。

文化的传递需要物质作为载体，入选"国礼"对于"诗碧曼"是又一个里程碑事件。"诗碧曼"将不断挖掘海外优质代理，扎实拓展世界地图上一块又一块的新市场，同时，继续为"发扬中国中医文化，成为国际品牌"这一伟大目标而坚持奋斗。

欲戴王冠，必承其重。虽然我感觉肩上的担子更重了，但我会更加坚定地前行。

朱建霞"诗碧曼"创业大事记

1960 年 12 月，朱建霞出生于江苏省连云港市灌云县。

1978 年 9 月，恢复高考第二年，朱建霞考入南京大学化学系高分子专业。

1982 年 6 月，朱建霞从南京大学高分子专业毕业。

1992 年，朱建霞进入深圳大学工作。

2001 年 11 月，成立连云港深大玉妹化妆品有限公司。

2006 年 11 月，成立连云港安雅化妆品制造有限公司。

2010 年 11 月，连云港安雅化妆品制造有限公司收购"诗碧曼 Sipimo"商标。

2012 年 5 月，深圳市诗碧曼科技有限公司成立。

2013 年，深圳市诗碧曼科技有限公司开设天猫旗舰店。

2014 年，深圳市诗碧曼科技有限公司开设第一个线下专柜：深圳君尚百货专柜。

2014 年 9 月，朱建霞从深圳大学退休，全身心投入到"诗碧曼"事业中。

2014 年 12 月，深圳市诗碧曼科技有限公司"一种晚霜及其制备办法"获得国家发明专利。

2017 年 5 月，深圳市诗碧曼科技有限公司取得进出口资质。

2017 年 6 月，深圳市诗碧曼科技有限公司取得出入境检验检疫报检资质。

2017 年 7 月，朱建霞获得金凤奖企业家奖（GOLDEN PHOENIX AWARD 2017）。

2017 年 9 月，连云港诗碧曼生物科技有限公司成立。

2018 年 1 月，深圳市诗碧曼养发连锁有限公司成立。

2018 年 4 月，深圳市诗碧曼科技集团组建。

2018 年 8 月，朱建霞被深圳广播电视集团聘请为"深圳女性创业公益促进行动特约创业导师"。

2018 年 9 月，上海诗碧曼商贸有限公司成立。

2018 年 12 月，深圳市诗碧曼科技有限公司被认定为"深圳市高新技术企业"。

2019 年 1 月，"诗碧曼"品牌设立中国台湾总代理并开店。

2019 年 6 月，北京诗碧曼商业连锁管理有限公司成立。

2019 年 6 月，武汉诗碧曼商业发展有限公司成立。

2019 年 7 月，连云港诗碧曼生物科技有限公司通过美国

FDA CFSAN 化妆品良好生产质量管理规范。

2019 年 7 月，连云港诗碧曼生物科技有限公司通过 ISO 22716 化妆品-良好生产质量管理规范指引。

2019 年 10 月，诗碧曼养发精华液获得国产特殊用途化妆品行政许可批件/育发类。

2020 年 9 月，深圳市诗碧曼科技有限公司向南京大学捐款 500 万元，设立"南京大学生物科学学院-诗碧曼专项基金"，成立"南京大学生命科学学院-诗碧曼联合实验室"。

2020 年 9 月，朱建霞拜国医大师张大宁为师。

2020 年 11 月，连云港诗碧曼生物科技有限公司获得"一种安全无刺激的白发变黑精华液及其制备方法"发明专利。

2021 年 5 月，连云港诗碧曼生物科技有限公司获得"一种温和固发的防脱生发精华液及其制备方法"发明专利。

2022 年 1 月，朱建霞被南京大学聘为第六届校董会校董。

2022 年 7 月，朱建霞被广东省女企业家协会评为"2021 年度广东省优秀女企业家"。

2022 年 8 月，朱建霞被消费日报社评选为"粉红力量杰出创新女性"。

2023 年 11 月，朱建霞被香港中小企业联合会与新城财经台评为"2023 大湾区杰出女企业家"。

2023 年 11 月，诗碧曼美发与防脱发精华液获得 2023 年第

108 届巴拿马太平洋国际博览会特等金奖。

2023 年 12 月，"诗碧曼"首家海外养发馆在美国洛杉矶 Newport Beach 新港海滩开业，开辟了海外开店道路。

2023 年 12 月，连云港诗碧曼生物科技有限公司通过国家高新技术企业认定。

2023 年 12 月，连云港诗碧曼生物科技有限公司被认定为江苏省专精特新中小企业。

2023 年 12 月，"诗碧曼"品牌入选"一带一路十周年·国礼品牌"。

2023 年，深圳市诗碧曼科技有限公司被深圳市评选为"2023 高质量发展领军企业"，朱建霞被评选为"2023 年深圳市高质量发展领军人物"。

2024 年 8 月，连云港诗碧曼生物科技有限公司的护发素、洗发水等产品通过国际 HALAL 认证。